U0370255

高压电缆现场故障测试定点
百问百答及应用案例

周利军　叶　頲　顾黄晶　何邦乐·**编著**

上海科学技术出版社

图书在版编目（CIP）数据

高压电缆现场故障测试定点百问百答及应用案例 /
周利军等编著. -- 上海：上海科学技术出版社，2023.2
ISBN 978-7-5478-6065-6

Ⅰ．①高… Ⅱ．①周… Ⅲ．①高压电缆－故障检测－
问题解答 Ⅳ．①TM247-44

中国国家版本馆CIP数据核字(2023)第016025号

高压电缆现场故障测试定点百问百答及应用案例
周利军　叶　颋　顾黄晶　何邦乐　编著

上海世纪出版(集团)有限公司
上海科学技术出版社 出版、发行
(上海市闵行区号景路 159 弄 A 座 9F - 10F)
邮政编码 201101　　www.sstp.cn
上海光扬印务有限公司印刷
开本 787×1092　1/16　印张 10.5
字数：220 千字
2023 年 2 月第 1 版　2023 年 2 月第 1 次印刷
ISBN 978 - 7 - 5478 - 6065 - 6/TM·78
定价：100.00 元

内容提要

目前,高压电缆故障测试定点技术无论在理论水平还是在实践技能上都实现了重大突破、达到了较高水平,对快速提升高压电缆故障处置效率有着重要意义。

本书立足于高压电缆故障测试定点的现场应用实践,以问答的形式阐述高压电缆故障测试定点原理、步骤和现场应用情况等,对测试方法和测试流程进行了全面梳理,最终形成对现场工作具有指导意义的工作流程图,力求帮助读者提高高压电缆故障测试定点的理论和技能水平,推动高压电缆故障测试定点工作更加规范、扎实、有效地开展。

本书可供电缆从业人员研究、学习、培训、参考之用,也可供高校相关专业的师生进行参考。

本书还提供了课件资源,可与相应内容配套使用,读者可扫描封底二维码获取。

编委会

主　编

周利军

副主编

叶　頔　顾黄晶　何邦乐

编　委

（按姓氏笔画排列）

王之琦　王骁迪　孔德武（上海慧东）　邢馨月　朱亦凡　朱亦嘉
任怡睿　江　南　许　强　孙晓璇　杨天宇　杨海明　李　凌
李　海　李天翼　李会军（上海慧东）　李春辉　邱漫诗　宋　菲
张　伟（女）　张　伟（男）　陈　佳　陈立荣　陈越超　陈嘉威
邵文楠（上海合测）　周　宏　周　婕　周咏晨　周晶晶　周韫捷
单　超（山东科汇）　宣辰扬　宫士营（山东科汇）　原佳亮
党志涛（上海合测）　徐佳敏　徐浩森　郭婉华　黄　勇　蒋晓娟
谢素娟　蓝　耕　楼铁城　魏康妮

序

随着我国经济的飞速发展,电网建设技术逐步成熟,电力电缆因其安全、美观等诸多优点,逐渐取代传统架空线路,成为现代电网的重要组成部分。但同时也意味着,作为城市供电系统的主动脉,高压电缆一旦发生故障,将在社会面造成不可小觑的影响。因此,如何快速准确地实现故障定位(定点),进一步缩短故障抢修时间,成为运行单位在高压电缆故障测试定点技术层面力图突破的重点问题。对"电缆故障测试及定点"的探究可追溯到19世纪,最初花费大量人力和时间成本查找故障点,如今利用不断进步的科学技术开展智能化故障定位,目前国内电缆故障测试定点技术无论在理论水平还是在实践技能上都实现了重大突破、达到了较高水平。

凡经历过电缆故障测试即会发现,受现场环境和故障性质的影响,每一次故障测试的过程都不尽相同,每一次高效准确的故障测试定点都有赖于现场人员对理论的融会贯通和对技术的综合应用。如欲总结故障测试定点现场经验,需从成百上千次的故障测试定点历程中抽丝剥茧、反复研讨,才能整理提炼出真正有现实指导意义的内容,此过程实非易事。所幸本书的编者团队包含国内电缆故障测试定点领域老、中、青三代的技术骨干,他们常年工作在电缆检修一线,掌握故障测试定点的技术核心与关键,由他们总结多年的宝贵心得与经验,并以撰书的方式与大众交流分享,实为高压电缆业内之幸。

本书汇集了高压电缆常见故障类型,强调了标准化高压电缆故障处置流程对于保障城市供电安全及可靠性的意义,总结了高压电缆现场故障测试定点的测试方法和测试流程,同时兼顾了故障测试前沿技术的原理和方法的分享。纵观全书,内容翔实、逻辑清晰,以指导实操为导向剖析了故障测试定点的技术原理,图文并茂地展示了高压电缆现场故障测试定点的技术精要,删繁就简地规范了高压电缆故障测试定点的流程步骤,为广大电缆从业者提供了高压电缆现场故障测试定点的技术范本。更值一提的是,本书无论是解答现场疑点难点部分,还是总结不同设备、不同测试方法典型应用场景部分,均以现场作业人员为第一视角进行撰写,体现了编者意欲为电缆故障检测现场提供切实有效指导的良苦用心。与此同时,本书在延续姐妹篇案例分享章节的基础上新设巧思,以案例呼应前八章的重点内容,实现理论与实践的充分结合,以期广大从业者从中得到最大程度的启发与借鉴。

　　接到本书作者之一邀请为其作序,我感到非常荣幸。"他山之石,可以攻玉",与同类书相比,本书无论内容还是形式都有其独到之处,非常值得推荐。希望读此书人皆有所获,亦是对所有本书编撰者的最好回馈。最后衷心感谢所有参与此书出版的人员!

2022 年 10 月

前　言

近年来，随着城市电网的不断改造和电力电缆的广泛应用，高压电缆逐渐取代架空线路，在城市电网中起着主导作用。在实际运行中，虽然高压电缆的安全可靠性高于架空线路，但仍会受各种因素影响而发生故障，如外力损坏、运行老化、施工工艺、产品质量等，皆可能导致高压电缆发生故障。又因电缆多敷设于地下，一旦发生故障，快速判断故障类型与确定故障位置则成为抢修的重难点。

此书的作者皆为在电缆运维检修一线工作过的人员，经年累月的巡线、检测与抢修经验是他们最为宝贵的财富。他们汲取前作《高压电缆现场局部放电检测百问百答及应用案例》和《高压电缆现场状态综合检测百问百答及应用案例》的编写经验，通过总结工作中遇到的高压电缆故障案例，提炼归纳高压电缆故障测试定点中的难点要点，汇成此书，旨在与全行业的电缆运行单位及从业人员分享高压电缆现场故障测试定点的技术手段与思路经验。

全书由两个部分组成。第一部分为高压电缆现场故障测试定点技术百问百答，第二部分为典型案例介绍。第一部分共8章，系统全面地介绍了高压电缆现场故障测试定点技术。第一章为高压电缆故障测试定点技术的概述，一方面介绍了什么是高压电缆故障，包括其成因和性质；另一方面介绍了什么是高压电缆故障测试定点，以及如何在故障后进行电缆故障测试定点。第二章介绍了高压电缆出现故障后如何开展抢修组织管理工作，强调了高压电缆故障标准化处置流程的重要性。第三章到第五章介绍了高压电缆故障测试定点技术，分章节按照故障性质判别、预定位、精准定点三步走,分别就每一环中的测试方法、常用设备及其他关键问题给出专业解答。第六章介绍了高压电缆外护层故障测试定点技术。第七章介绍了高压电缆故障测试定点新技术、新装备及其原理与测距方法,包括宽频阻抗谱检测技术、电缆故障双端测距技术、电缆分布式故障测寻技术和电缆故障测寻车等。除此之外,电缆在线故障监测技术是一种故障测寻的新形式,且未来有可能替代以上故障检测方法,目前正处于探索阶段,此书不做赘述。这些新方法、新工具皆为行业内最新的技术手段,如能借由此书广泛传播并应用到全行业中,必将极大地推动高压电缆故障测试定点的精准度与效率。第八章介绍了高压电缆故障测试定点现场安全保障的各项措施。第二部分共 10 个案例,均为作者在实际工作中遇到的典型故障,类型涵盖电缆低阻接地运行故障、高阻接地运行故障、闪络耐压故障等多种高压电缆常见故障。随案例一并分享的故障测试定点技术也极具代表性和现实指导意义。

本书在编写过程中得到了山东科汇电力自动化股份有限公司、上海慧东电气设备有限公司、上海合测电子科技有限公司的大力支持,再次表示由衷的感谢。最后,受限于各地电缆运行方式之差异,以及编写者学识能力终有边界,书中如有疏漏存疑之处,恳请广大读者及技术专家批评指正。

2022 年 10 月

目　录

第二篇·应用案例

第一篇

百问百答

第一章

高压电缆故障测试定点概述

1 高压电缆的基本结构是怎样的?

用于电力传输和分配大功率电能的电缆,称为电力电缆。本书所涉及的高压电缆是指 110 kV 及以上电压等级的电力电缆。高压电缆主要由导体、绝缘层和外护层三部分组成。以交联聚乙烯单芯电缆为例,其结构如图 1 所示。

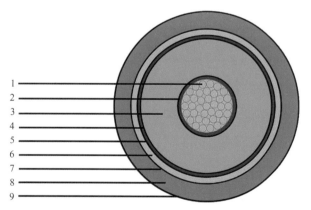

1—导体;2—内半导电层;3—绝缘层;4—外半导电层;5—外半导电缓冲层;6—金属屏蔽层;7—沥青保护层;8—外护层;9—石墨层。

图 1　高压电缆的基本结构

2 什么叫电缆故障?

电缆线路在运行中发生绝缘击穿、导线烧断等突发情况迫使电缆线路停止供电的现象,或在预防性试验过程中发生绝缘击穿的现象称为电缆故障。一般来说,高压电缆故障包括导体故障、主绝缘故障和外护层故障,如图 2 所示。

图 2 高压电缆故障

3 > **高压电缆故障的原因有哪些**?

高压电缆故障原因一般可以分为四个大类,如图 3 所示。

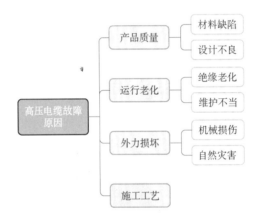

图 3 高压电缆故障原因分类

4 > **高压电缆故障是如何统计的**?

高压电缆线路的运行故障率以"次/(百公里·年)"表示,应按照《电力电缆运行规程》的要求做好统计,以考核运行部门的工作成效。为了满足统计分析需要,电缆故障可按照电缆绝缘类型、电压等级、电缆运行年限进行统计,并根据故障原因、故障部位进行分类。

应该注意的是,在运行检修或试验中发现的缺陷,尚未造成供电中断的,则作为缺陷统计,不纳入故障统计。

5 > **什么叫高压电缆故障测试定点,其基本步骤是怎样的**?

高压电缆故障测试定点即高压电缆故障测寻,是指根据现场条件,针对不同故障性质,选取一种或多种合适的仪器及方法进行测试,最终找到故障点准确位置的过程。故障测寻中的"测"即借助仪器设备进行预定位,"寻"即找到精确的故障点位置。高压电缆故障测试定点的基本步骤为:故障性质判别,故障预定位,路径探测,精确定点。当电缆路径不明时,为了提高故障测寻效率,需要进行路径探测。高压电缆故障测试定点的基本步骤如图4所示。

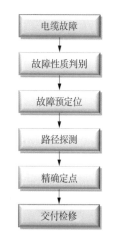

图 4　高压电缆故障测试定点的基本步骤

6 > **高压电缆发生故障后需要收集哪些资料**?

高压电缆发生故障后,在进行电缆故障测寻前,应尽可能多地了解和查询被测电缆的信息,收集如图5所示的资料,可对后续的故障测寻工作起到事半功倍的效果。

图 5　高压电缆故障后资料收集

7 > **什么叫高压电缆的故障性质**?

高压电缆的故障性质是指高压电缆故障点的电路特性。在高压电缆故障测试定点过程中,通常根据故障性质,选择合适的仪器和方法,可提高高压电缆故障测试定点的效率。

8 〉 按故障性质划分，高压电缆有哪几种故障？

按电缆故障性质划分，高压电缆故障有短路（接地）故障、开路故障、闪络故障和混合型故障，具体分类如图 6 所示。需要指出的是，66 kV 及以上电压等级的电力电缆为单芯电缆，只存在相间短路的情况十分罕见，因此本书不再对相间短路的情况进行归类，有别于以往的书籍，此处短路（接地）故障指相对地的短路接地故障。在低阻故障中有一种特殊情况，故障电阻低于 10 Ω，称之为金属性接地故障，也称为"死接地"。

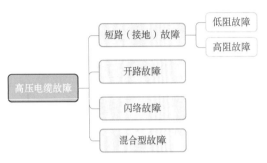

图 6 高压电缆故障性质分类及特点

9 〉 什么是高压电缆路径探测，什么情况下需要路径探测？

高压电缆路径探测是指，当被测电缆的全线或部分路径不明时，使用电缆路径仪探测被测电缆在地面下的具体走向、位置、埋深等路径信息的过程，如图 7 所示。

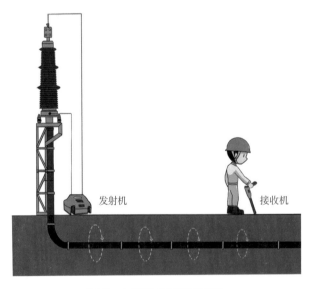

发射机　　接收机

图 7 电缆路径探测示意图

高压电缆故障测试定点过程中，要精确高效地确定故障点位置，需要有正确的电缆路径图纸和各段电缆的长度、截面等资料辅助判断，当这些资料不齐全或未根据敷设环境变化及时更新时，为了更精确高效地确定故障点位置，应在精确定点前进行电缆线路路径的探测定位。

10 > 高压电缆故障测试定点的工作流程是怎样的?

高压电缆发生故障后,故障测试定点的工作流程如图 8 所示。

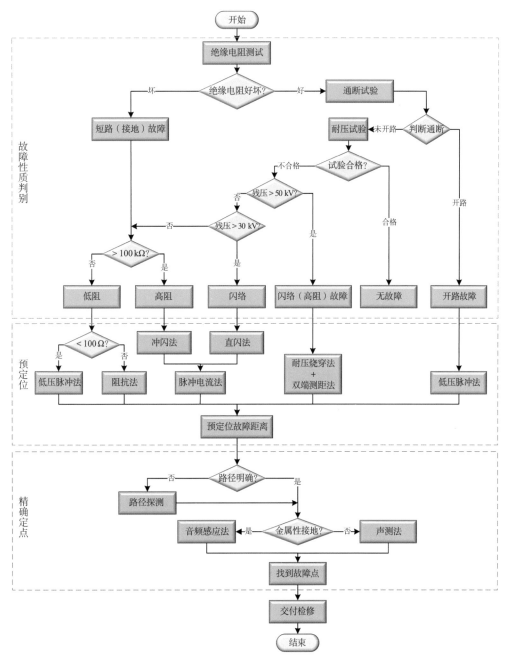

图 8 高压电缆故障测试定点的工作流程

第二章

高压电缆故障抢修的组织管理

11 > 什么是高压电缆故障应急处置预案？

　　高压电缆故障应急处置预案是电缆运维管理部门为高效、有序地处理高压电缆线路故障，避免或最大限度减轻因电缆线路故障造成的损失，为快速恢复供电、保障电网安全、维护社会稳定，根据现场的实际情况而制定的工作方案。

12 > 高压电缆故障应急处置预案的编制原则是什么？

　　高压电缆故障应急处置预案的编制，应适用于电缆运维管理单位应对和处理电力生产过程中可能产生的严重故障、电力设备设施遭受严重损坏、重大自然灾害等对所在地区安全和社会稳定构成或可能构成重大影响和严重威胁的电力设备设施事故抢修工作。

13 > 什么是高压电缆故障标准化处置流程，有什么意义？

　　高压电缆故障标准化处置流程是高压电缆故障应急预案的重要组成部分，是高压电缆线路发生故障后应急处置制度化、标准化的抢修工作流程，其意义如图9所示。

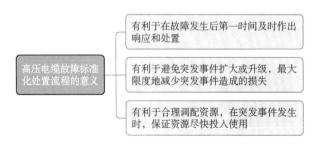

图 9　高压电缆故障标准化处置流程的意义

14 〉 高压电缆故障标准化处置流程的具体步骤是怎样的？

　　高压电缆线路发生故障后，根据高压电缆故障标准化处置流程进行操作，具体步骤如图 10 所示。

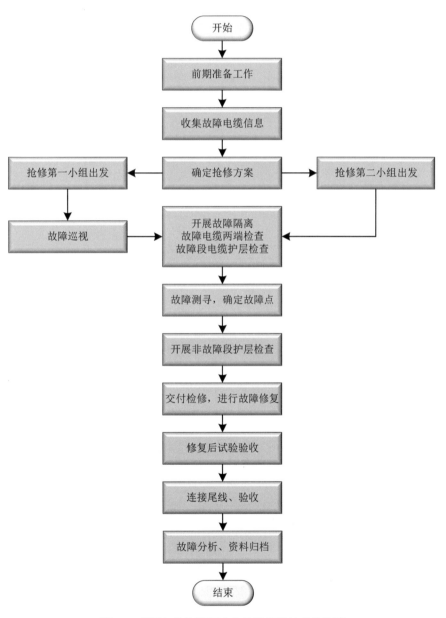

图 10　高压电缆故障标准化处置流程的具体步骤

15 > 高压电缆故障抢修现场抢修项目和作业标准有哪些?

按照高压电缆故障标准化处置流程,确定抢修项目,对每一个抢修项目明确作业标准,见表1。

表1　抢修项目与作业标准

序号	抢修项目	作 业 标 准
1	前期准备工作	(1) 应了解电缆线路名称、位置和相关故障信息,组织协调抢修人员启动应急抢修预案 (2) 根据线路实际情况,核对图纸等资料后,根据抢修管理规定通知相关部门
2	收集故障电缆信息	联系调度和运行人员,进一步深入了解运行巡视资料、调度信息、故障性质情况及故障线路用户内部检查反馈信息
3	确定抢修方案	(1) 成立应急抢修小组,确定抢修方案,抢修小组根据抢修方案落实材料、工器具和设备 (2) 开展故障巡视,根据现场情况,可选择先开第二种工作票,进行开井检查,或直接申请电缆故障应急抢修单
4	抢修第一小组出发	(1) 快速响应,按抢修相关规定到达现场,如事故应急抢修单还未开出,则使用第二种工作票到达现场进行巡视等不接触设备的工作 (2) 组织人员查看沿线施工情况,检查沿线换位箱是否有异常,组织人员沿路径查访,询问当时当地居民有无发现异常情况 (3) 若双端为GIS设备,还应提前和变电设备所属单位变电配合人员联系,配合处理GIS设备以满足故障测试条件
5	抢修第二小组出发	抢修第二小组迅速准备好故障测寻、试验等设备及安全工器具,在PMS系统查询故障电缆更具体的信息(长度、截面积、接头位置及类型、生产厂家等具体信息),接到事故应急抢修单后迅速赶赴故障现场
6	组织开展故障隔离	(1) 工作负责人得到工作许可人的许可后,召开开工会,组织开展验电、放电、接地工作,拆除电缆终端接头尾线,进行故障隔离 (2) 组织人员沿路径查访,询问当地居民有无发现异常情况 (3) 组织人员打开怀疑点附近两侧的两个中间接头工井,进行抽水
7	开展故障测寻工作	(1) 根据故障测寻作业指导书要求进行操作,开展故障性质判别、故障预定位、路径探测、故障精确定点工作,确定故障位置 (2) 安排人员在电缆终端、每只接头井口处进行监听。故障探测逐步升高电压,若击穿,则在故障粗测位置附近重点监听,根据声音、保护箱受损情况、精确定位设备信号显示等手段确定故障点 (3) 若电缆主绝缘较长时间无法击穿,向上级汇报,根据上级方案进行处理
8	开展故障段电缆护层检查(故障排查)工作	(1) 抽水完毕后,组织人员下井察看中间接头以及换位箱是否有明显损坏,并做好记录 (2) 如怀疑点处附近两中间接头及换位箱没有发现损坏情况,则以测距的距离为中心向两边延伸,对延伸的中间接头井抽水 (3) 使用摸索的方法逐个检查怀疑点附近的各个通道井内电缆本体

(续表)

序号	抢修项目	作 业 标 准
		(4) 如怀疑点附近的中间接头及换位箱没有发现明显损坏情况,则安排人员测量该段电缆外护层绝缘电阻,测量的优先顺序为以怀疑点为中心向两边逐步延伸(外护层绝缘不能作为判断电缆发生故障的充分条件,但可作为缩小故障点查找范围的必要条件) (5) 根据外护层绝缘电阻测量结果,安排人员下井检查电缆本体外观,并做好记录 (6) 检查故障段电缆全线外护层情况,并做好记录
9	电缆两侧终端检查(故障排查)工作	应详细检查电缆终端受异常冲击后的情况,外观应完好,无放电、发热、滑闪、开裂等损坏现象,若有损伤,应根据实际情况进行分析和修复
10	开展线路非故障段电缆外护层检查(故障排查)工作	开展非故障段电缆及电缆外护层的外观检查和外护层试验,判断其有无损坏情况,若有,应进行修复
11	交付检修,进行故障修复	(1) 故障点确认后,组织检修人员编制故障修复方案,修复方案应根据抢修管理规定,报相关部门审核批准 (2) 落实抢修材料,材料到货后立即组织故障修复,根据故障修复方案进行修复
12	修复后试验验收	根据试验规程要求进行修复后试验,试验合格后通过验收
13	连接尾线、验收	连接尾线应紧密,接触良好,试验合格后安排送电
14	故障分析,资料归档	对故障段电缆进行故障解剖分析,形成故障分析报告,连同试验报告等资料进行归档

16 > 高压电缆故障应急处置工作人员该如何配置?

高压电缆线路抢修配置 1 名工作负责人、1 名专责监护人,3～4 名快速反应第一组抢修人员,3～4 名故障探测抢修人员,3～4 名修复人员,5～7 名修复后试验人员,具体见表2。

表 2　电缆故障应急处置人员配置

人员类别	人员配置	岗位(资格)要求	岗位(资格)年限要求
工作负责人	1	中级工及以上,通过安规考试,经过公司发文认可的"三种人"	3 年专业工龄及以上
专责监护人	1	通过安规考试,经过公司发文认可的"三种人"	2 年专业工龄及以上
快速反应第一组抢修人员	3～4	初级工及以上	1 年及以上
第二小组抢修人员	3～4	初级工及以上	1 年及以上
修复人员	3～4	中级工及以上	1 年及以上
修复后试验人员	4～5	初级工及以上	1 年及以上

17 > 如何编制抢修方案？

抢修方案是高压电缆故障标准化处置流程中一项重要的指导文件。一份完整的抢修方案应针对性地指导现场抢修作业的开展，确保管理部门、配合单位、作业人员明确电缆抢修的实施步骤、人员分工、物资调配和实施要点。编制抢修方案需明确的信息以及涵盖的内容如图 11 所示。

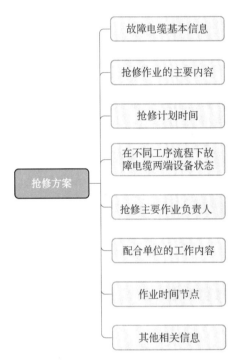

图 11　高压电缆抢修方案涵盖的内容

18 > 为什么要做高压电缆故障现场测试记录？

电缆故障信息是电缆运行资料的重要组成部分，一份详细的高压电缆故障现场测试纪录表可以完善电缆的全寿命资料，记录表参考表 3。分析现场记录的故障电缆信息并结合故障点解剖情况可以实现电缆多维度运行生态分析，还可以对现场故障测试过程加以控制和管理，还原现场故障检测过程，分析故障特性，有利于提升电缆故障检测能力。

表3 高压电缆故障现场测试记录表（推荐）

线路名称						电压等级					
故障地点						故障性质					
故障日期						修复日期					
电缆型号及截面						附件型号					
故障部位及相位	终　端					中间接头			电缆本体		
	户内		户外		_____号接头	☐ 位于直线段					
	A	B	C	A	B	C	☐ 位于转弯段		A	B	C
故障点路面情况	通道	☐ 人行道		☐ 车行道		☐ 工地	其他：				
	路面材质	☐ 水泥		☐ 沥青		☐ 碎石	☐ 沙土		其他：		
故障点情况		上		直埋			工　井		备注说明		
	左	⊙	右	埋深	盖板	土质	上方管线	有无衬垫	有否上支架		
		下		___米	有　无	石块　细土	有　无	有　无	有　无		
	☐ 过路		☐ 排管		☐ 隧道	☐ 电缆沟	☐ 上杆		☐ 站内		
外力损坏	有					故障点处有无潮气	有				
	无						无				
抢修班组及负责人：		敷设负责人：			接头负责人：			试验负责人：			

故障检测信息记录：
电缆故障性质
故障点电阻
故障测寻方案
故障测寻实施步骤
行波测距波形
电桥测试数据

备注：

第三章

高压电缆故障性质判别

19 > 高压电缆的故障性质有哪几类?

高压电缆故障性质分为短路(接地)故障、开路故障、闪络故障和混合型故障。本书第一章第 8 问已经对故障性质分类进行详细介绍,本章不再赘述。需要提出的是,短路(接地)故障中的低阻和高阻之分,其电阻的分界并非固定不变,它主要取决于测试设备的条件,如测试电源电压的高低、检流计的灵敏度等。不同故障类型的特点及测寻方法见表 4。

表 4　电缆故障的类型、特点和测寻方法

常见故障类型		特点	测寻方法
短路(接地)故障	低阻	绝缘电阻<100 Ω	低压脉冲反射法
		绝缘电阻>100 Ω,但<100 kΩ	电桥法、冲闪法
	高阻	绝缘电阻>100 kΩ	直闪法、冲闪法
开路故障		导体有一相或几相不连续	低压脉冲反射法
闪络故障		在较高电压时产生瞬时击穿,但击穿通道随即封闭	直闪法、冲闪法
混合型故障		具有两种或两种以上故障特性	根据相应故障类型选择测试方法

需要注意的是,对于短路(接地)故障中的低阻故障,有另一种说法,即:绝缘电阻小于 $10Z_0$ 时,可以用低压脉冲反射法测寻,Z_0 为电缆线路的波阻抗,一般为 $10 \sim 40\ \Omega$。

20 〉 判别高压电缆故障性质一般需要用到哪些设备？

判别高压电缆故障性质一般需要用到万用表、兆欧表、耐压装置以及高阻测试仪等设备,见表5。其中,耐压设备主要使用串联谐振耐压装置,兆欧表使用2500 V及以上电压的兆欧表。

表5 高压电缆故障性质判别所需设备

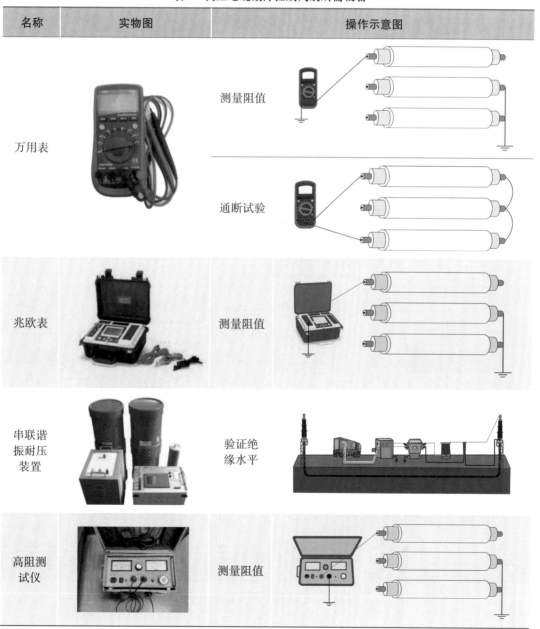

名称	实物图	操作示意图
万用表		测量阻值
		通断试验
兆欧表		测量阻值
串联谐振耐压装置		验证绝缘水平
高阻测试仪		测量阻值

21 > 现场如何判别高压电缆的故障性质？

判别高压电缆故障性质可按照图 12 所示流程进行，主要步骤有：

（1）确认待测电缆无电，且与其他设备无连接。

（2）绝缘电阻测试：使用兆欧表对电缆做绝缘测试。

（3）判断绝缘电阻好坏，可通过电压、电阻值、吸收比进行判别。根据试验规程，选择相应的试验电压，兆欧表输出电压应达到相应电压值，吸收比应大于 1.3，输电电缆主绝缘电阻值一般在 GΩ 级。

（4）当判断绝缘电阻不好时，应结合高阻计、万用表测量出绝缘电阻值，从而判别出低阻、高阻故障。

（5）当兆欧表测试绝缘良好时，做通断试验：电缆对端三相短接，使用万用表做导通试验，判断有无开路故障。

（6）因为是故障电缆，需要用耐压设备对电缆做耐压试验（证明性试验），验证绝缘水平的好坏，并通过残压值区分闪络、闪络（高阻）故障。

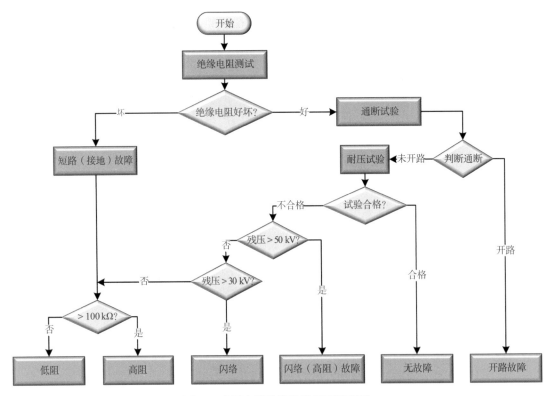

图 12 高压电缆故障性质判别流程图

22 > 开路故障有哪些特点及判别方法？

开路故障是指电缆有一芯或数芯导体开路或者金属护套断裂的故障。开路故障也被称作断线故障。

实际上，高压电缆的金属线芯为了输送电能、承受较大的电流，其设计截面都比较大，耐拉力强，因而发生开路故障的情况非常少。只有在遭受强烈的外力破坏和在较大的故障电流下长时间运行，才可能发生开路故障。一般情况下，电缆中间接头发生断线概率比电缆本体发生的概率大。开路故障可分为开路接地故障和开路不接地故障，如图 13 所示。

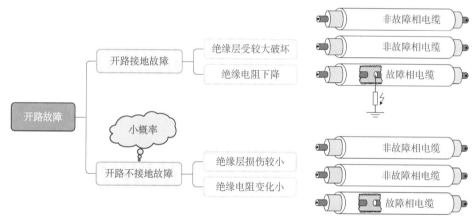

图 13 高压电缆开路故障分类

开路故障通过使用万用表对电缆做通断试验来判别，即根据表 6 的记录，判断电缆是否存在开路故障。

表 6 电缆导通情况

电缆	AB	AC	BC
导通情况	√	×	×
是否存在开路故障		C 相断线	

23 > 低阻故障有哪些特点及判别方法？

当高压电缆发生短路（接地）故障，使用兆欧表测出绝缘电阻趋于零时，使用万用表的电阻挡分别测量各相对地绝缘电阻,电缆的一芯或数芯对地绝缘电阻低于 100 kΩ 的故障,即为低阻故障。对单芯的高压电缆来说,一般都按照相对地故障测试,而不按照相间故障测试。图 14 为两相低阻接地故障,B、C 两相在不同距离分别接地,采用相对地测试,可分别得 B、C 相故障距离。

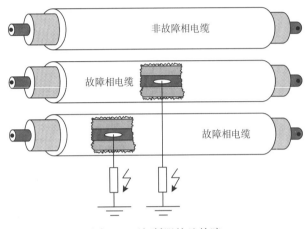

图 14 两相低阻接地故障

24 〉 **高阻故障有哪些特点及判别方法**?

电缆的一芯或数芯对地绝缘电阻或者芯与芯之间绝缘电阻低于正常值但高于 100 kΩ 的故障,称为高阻故障。这类故障情况的发生概率比较高,约占电缆故障总发生率的 80%。

高压电缆高阻故障的判别需要用到万用表和兆欧表,判别依据见表 4,测试方法如图 15 所示。

图 15 高压电缆高阻故障判别示意图

25 闪络故障有哪些特点及判别方法?

闪络故障可通过对电缆做耐压试验来判别。耐压试验的等效电路如图 16 所示,其中 R_s 为耐压试验装置内阻,E 为耐压装置输出电压值,电阻 R_f 与击穿电压为 V_g 的间隙并联代表故障点。

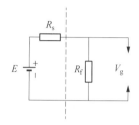

图 16 耐压试验等效电路

对闪络故障来说,R_f 较大,故障间隙两端电压可以增加至很高;当试验电压升至某一值时,故障点电压 V 大于 V_g,故障点被击穿放电,电流突然增大,电压突然下降。高阻故障的故障点电阻 R_f 较小,导致故障点电压 V 不能升至高于 V_g,不能使故障点击穿。

26 闪络故障与高阻故障有何区别?

电缆绝缘在某一电压下发生瞬时击穿,但击穿通道随即封闭,绝缘又迅速恢复,且该现象重复出现的故障为闪络故障;而高阻故障在形成击穿通道后,绝缘无法恢复。

电缆预防性耐压试验中发生的故障多属闪络故障,多发生于电缆中间接头或终端,特别是多发生在浸油的电缆接头内。

27 混合型故障有哪些特点及判别方法?

高压电缆线芯发生开路故障,绝缘层往往会受到损伤,形成混合型故障,如图 17 所示。故障依据电阻大小分类,主要有开路并低阻故障、开路并高阻故障、开路并闪络故障等。混合型故障包含了多种故障类型,需要按照图 12 所示的故障性质判别流程进行一一判别。

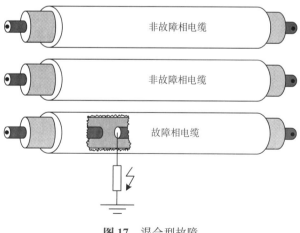

非故障相电缆

非故障相电缆

故障相电缆

图 17 混合型故障

第四章

高压电缆故障预定位技术

28 > 什么叫高压电缆故障预定位？

高压电缆故障预定位又叫故障测距，俗称故障粗测，即在电缆的一端，使用电缆故障测试仪器、工具及设备等确定电缆故障距离。本章主要介绍高压电缆主绝缘的预定位技术，并将故障点距离测试端的电缆长度记为 L_x。

29 > 高压电缆故障预定位有哪些方法？

高压电缆故障预定位的方法可分为电桥法和行波法两大类，具体分类见图 18。各种定位方法各有特点，应根据持有仪器、电缆线路特征（包括长度、金属护套接地方式、交叉互联及接地箱位置等）、电缆故障性质等灵活选择不同的测试方法。本书重点关注电桥法（尤其是 1R 法），行波法中的低压脉冲法、脉冲电流法以及多次脉冲法。

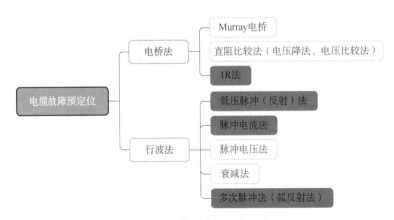

图 18　高压电缆故障预定位方法分类

第一节 · 电桥法

30 > 电桥法的原理是什么?

电桥法是利用电缆线芯(或金属屏蔽层)的电阻均匀并与其长度成正比的原理进行测试。

(1) Murray 电桥。

Murray 电桥的特点是体积小、质量小、成本低,适用于磁感应干扰低的场合。Murray 电桥主要由高压直流源、比例臂电阻、检流计、输出电压表、输出电流表及短接线等组成,测试原理如图 19 所示。本书中 Murray 电桥均简称为电桥,根据高压直流源电压的高低,分为低压电桥和高压电桥。

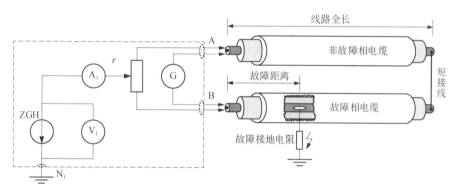

ZGH—高压直流源;r—比例臂电阻;G—检流计;V₁—输出电压表;A₁—输出电流表;A—非故障相测试引线;B—故障相测试引线;N₁—接地引线。

图 19 Murray 电桥测试原理示意图

(2) 智能电桥(直阻比较法)。

智能电桥(直阻比较法)一般智能化水平高、质量大、成本高,适用于新投运、在运电缆线路的故障定位。直阻比较法电桥主要由高压直流源、处理单元、电压采集单元、电流采集单元、输出电压测试单元、开关及短接线等组成,测试原理如图 20 所示。本书将智能电桥归属到直阻比较法中,在后续的介绍中只提智能电桥。

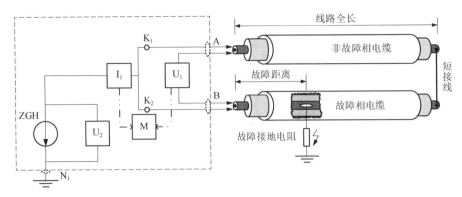

ZGH—高压直流源；K_1、K_2—开关；M—处理单元；I_1—电流采集单元；U_1—电压采集单元；U_2—输出电压测试单元；A—非故障相测试引线；B—故障相测试引线；N_1—接地引线。

图 20　直阻比较法测试原理示意图

31 ＞ 低压电桥、高压电桥、智能电桥分别适用于测什么类型的故障？

在行波法出现以前，利用低压电桥对故障预定位是一种经典的方法，具有成本低、操作简便、定位准确等特点，其典型代表有 Q 系列电桥。由于低压电桥的输出电压一般为 500 V 以下，不能定位高阻故障，有较大的局限性，现已逐渐退出市场，渐而出现了高压电桥和智能电桥。几种电桥的主要特征、使用范围和注意事项在表 7 中一一罗列。

表 7　各种电桥的主要特征、使用范围及注意事项

测试方法	主要特征	使用范围	注意事项
低压电桥	输出电压在 500 V 以下	一般用于低阻故障，故障电阻在 100 kΩ 以下	击穿电压超过 500 V、存在工频感应干扰的电缆线路无法使用
高压电桥	最高输出电压一般为 5～15 kV，所需测试电流较小	主要用于多芯控制电缆、中低压电缆、高压电缆外护层故障	高压电缆易受邻近回路的工频感应干扰，无法测试
智能电桥	一般需要较大测试电流，50～500 mA	适用于各种类型电缆的短路故障	开路故障无法测试，击穿电压高的故障点先烧穿，待电流稳定，再测试

32 ＞ 为什么使用电桥法要先测回线电阻？

电桥法的测试前提是回线电阻（故障电缆导体、故障电缆与辅助电缆远端短接线、辅助电缆导体组成回路的电阻）均匀并连通，因此，测试前需先测回线电阻。

回线电阻阻值计算如下：

$$R_\Sigma = 2 \times \rho_1 \frac{L}{S_1} + \rho_2 \frac{L_\mathrm{d}}{S_2}$$

式中，R_Σ 为回线总电阻；

ρ_1 为电缆导体材料电阻率；

ρ_2 为短接线导体材料电阻率；

S_1 为电缆导体截面积；

S_2 为短接线导体截面积；

L 为电缆长度；

L_d 为短接线长度。

33 短接线等效长度如何换算？

在用电桥法测试高压电缆故障时，可能有以下情况：如大截面导体、远端为户外终端、相间距离较远、短接线较长且截面较细，因短接线参与电桥法测试和计算，为避免短接线带来较大的测量误差，需要将短接线换算成与被测电缆等截面的电缆长度。短接线和电缆均为铜导体，换算如下：

$$L_\mathrm{d}' = \frac{S}{S_\mathrm{d}} \times L_\mathrm{d}$$

式中，S 为电缆导体截面积；

S_d 为短接线导体截面积；

L_d' 为换算后的等效长度；

L_d 为短接线实际长度。

例如，电缆导体截面积为 $2\,000\,\mathrm{mm}^2$，短接线截面积为 $16\,\mathrm{mm}^2$，长度为 $3\,\mathrm{m}$，那么短接线等效该截面电缆长度为 $375\,\mathrm{m}$，相当于电缆延长了 $187.5\,\mathrm{m}$，可见不容忽视。

考虑了短接线的长度，相当于电缆延长了 $L_\mathrm{d}'/2$，即电桥法测试时，输入电缆的总长为：

$$L' = L + L_\mathrm{d}'/2$$

式中，L' 为考虑了短接线的电缆等效长度；

L 为电缆长度。

34 什么情况下要进行铜铝换算和截面换算，如何换算？

电缆导体电阻计算公式如下：

$$R = \rho \frac{L}{S}$$

式中,ρ 为导体材料电阻率;

    L 为电缆长度;

    S 为导体截面积。

可见,相同长度的电缆导体电阻与电阻率成正比,与截面积成反比。因此,被测线路中存在不同导体材料或不同截面积的电缆对接时,使用阻抗法测试前需要对线路长度进行归一化换算,测试时输入换算后的等效长度。

（1）相同截面积铜铝导体对接的两段电缆长度换算。

假设铜导体电缆长度为 L_1,铝导体电缆长度为 L_2,把铝导体电缆换算成铜导体的电缆长度,那么两段电缆等效长度为:

$$L' = L_1 + L_2 \frac{\rho_{Al}}{\rho_{Cu}}$$

式中,ρ_{Al} 为铝导体电阻率,20 ℃时为 $0.028\,26\ \Omega \cdot mm^2/m$;

    ρ_{Cu} 为铜导体电阻率,20 ℃时为 $0.017\,24\ \Omega \cdot mm^2/m$。

（2）相同导体材料不同导体截面积对接的两段电缆长度换算。

假设导体截面积 S_1 的电缆长度为 L_1,导体截面积 S_2 的电缆长度为 L_2,把截面积 S_2 的电缆换算成截面积 S_1 的电缆长度,那么两段电缆等效长度为:

$$L' = L_1 + L_2 \frac{S_1}{S_2}$$

35 ❯ 怎样用电桥法测试不同类型的电缆故障?

（1）用电桥法测试低阻故障。

1）电桥接线图。

测试时,如图 21 所示,将电桥的测试引线 A 连接非故障相电缆,测试引线 B 连接故

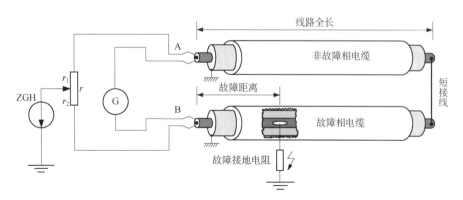

图 21　电桥接线图

障相电缆(此接法为正接法,反接法则相反),并在电缆测试末端采用短接线短接;调节高压直流源输出电压,待电流稳定后打开电桥,调节电桥平衡,通过读取表盘上显示的电阻比例获取被测电缆的故障距离与全长或两倍全长的比例。

2)智能电桥接线图。

测试时,如图 22 所示,将智能电桥的测试引线 A 连接非故障相电缆、测试引线 B 连接故障相电缆,并在电缆测试末端采用短接线短接,输入已知的电缆全长,通过手动或自动调节控制,分两步测量故障电缆测试端到故障点、故障点经电缆测试末端到完好电缆的测试端两种工况下的直流电压、直流电流,计算得到两组直流电阻,并通过处理单元自动计算、显示被测电缆的故障距离与全长的比例(或直接显示故障距离)。

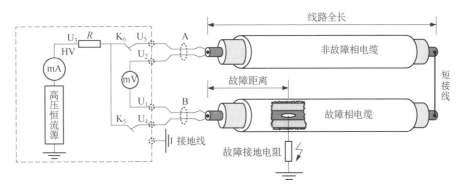

图 22　智能电桥接线图

(2)用电桥法测试高阻故障。

高压电缆高阻故障的击穿电压高、电流小而且不稳定,需要"烧穿"降低故障点的电阻。此类故障可以用高压电桥和智能电桥进行测试,以智能电桥为例,"烧穿"接线如图 23 所示。

操作要点:

1)输出电缆 A 端接被测电缆线芯,B端接金属护套接地端;

2)仪器保护接地应可靠,并接好随机携带放电棒;

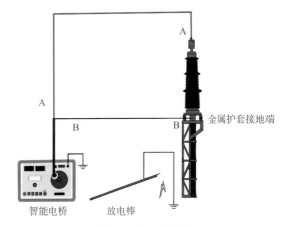

图 23　烧穿接线图

3)调节电压,观察电压、电流表指示,若电流突然由小变大并稳定在一个较大值,表示被试品已击穿或有大闪络,继续加电压,等待电缆残压降至 3 kV 以下且电流稳定;

4)对大电容试品,其击穿电压超过烧穿设备的最高输出电压,未能成功烧穿时,自然放电很慢,应等待电压自然放电至试验电压的 50％以下,再用专用放电棒慢慢靠近放电,最后挂上接地线。

（3）用电桥法测试开路故障。

高压电缆运行中发生开路故障,若线芯断裂不完全,往往伴随着短路,仍然可用电桥法定位。完全的开路故障不能采用高压电桥法。

开路故障最初采用电容比较法,即比较完好相和故障相线芯对金属屏蔽的电容值。近年来,行波法设备被普遍采用,已逐步取代了电容电桥法或电容比较法。

高压电缆断芯故障比较少见,大多由外力损坏引起,建议在故障定位前巡查被测电缆路径,查看施工现场或痕迹,往往可以直接找到故障点。

36 〉 什么是电桥的正接法和反接法,如何计算?

采用电桥法测试电缆故障时,电桥的测试引线 A 端接非故障电缆导体,B 端接故障电缆导体,称为正接法,如图 24 所示。反之,将 A 端接故障电缆导体,B 端接非故障电缆导体,称为反接法,如图 25 所示。

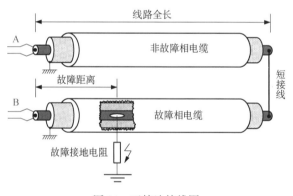

图 24　正接法接线图

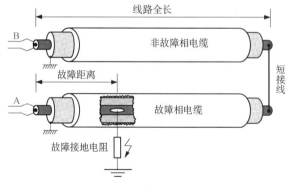

图 25　反接法接线图

在测试过程中,电桥法正接法和反接法两个读数的百分比之和约等于1,或计算得到的两个距离之和约等于电缆的2倍全长,也以此来判断两次结果的有效性。

(1)电桥。

对于电桥,电桥平衡时,正接法得到 $P_1‰$,且 $P_1 \leqslant 500$,那么故障距离为:

$$L_x = 2 \times L \times P_1‰$$

式中,L 为电缆全长;

L_x 为故障相电缆测试端到故障点距离,$L_x \leqslant L$。

电桥平衡时,反接法得到 $P_2‰$,且 $P_2 \geqslant 500$ 和 $P_1 + P_2 \approx 1\,000‰$,那么故障距离为:

$$L_x = 2 \times L \times (1 - P_2‰)$$

(2)智能电桥。

对于智能电桥,正接法分别得到 U_x 和 I_x、U_n 和 I_n,那么故障距离为:

$$L_x = \frac{\dfrac{U_x}{I_x}}{\dfrac{U_x}{I_x} + \dfrac{U_n}{I_n}} \times 2L$$

式中,I_x 为测试施加的电流值;

U_x 为故障相电缆测试端到故障点导体上电压降(对应 I_x 电流时);

I_n 为测试施加的电流值;

U_n 为故障点到辅助电缆测试端导体上电压降。

反接法分别得到 U_x 和 I_x、U_n 和 I_n,那么故障距离为:

$$L_y = \frac{\dfrac{U_x}{I_x}}{\dfrac{U_x}{I_x} + \dfrac{U_n}{I_n}} \times 2L$$

式中,I_x 为测试施加的电流值;

U_x 为故障点到辅助电缆测试端导体上电压降;

I_n 为测试施加的电流值;

U_n 为故障点到辅助电缆测试端导体上电压降;

L_y 为故障点到辅助电缆测试端距离,$L_y \geqslant L$。

故障点到电缆远端距离为:$L_y - L$ 或 $L - L_x$。

37 〉 电桥检流计遇到杂散电流无法稳定时可采取什么措施？

使用电桥测高压单芯电缆故障时，会出现检流计无法稳定指零的现象，这是由于故障电缆邻近的运行电缆流过工频大电流，容易产生工频感应干扰，使电桥无法平衡。故障电缆与辅助电缆形成的回路包含的面积愈大，感应干扰也愈大。

在电桥与故障相之间串接电抗器可以消除干扰，使检流计稳定指零。高压电缆护套故障预定位时，可将故障相及辅助相的线芯两端接地，或在两端将线芯彼此短接，形成反相磁场，可有效消除干扰。

38 〉 怎样使用 1R 法测三相故障？

当高压电缆三相绝缘都发生损坏时，可以采用 1R 法进行故障预定位。1R 法通过架设临时线与故障相电缆形成回路，接线如图 26 所示。应注意的是，临时线与故障相电缆的连接处应接触良好，减小接触电阻。电桥的 A 端接临时线是正接法，电桥的 B 端接临时线是反接法。临时线的截面无要求，只要连通性良好，绝缘良好即可。也可以采用平行敷设的停运非故障电缆或非同相的良好金属护套做临时线。使用 1R 法，需要先测出临时线的回线电阻 R。

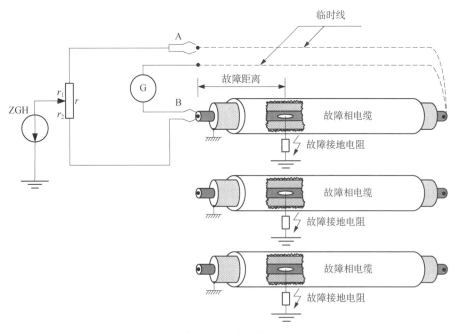

图 26　1R 法接线图

1R 法的计算公式：

$$L_{x} 正接法 = \frac{1}{1 + \frac{1/2R}{100}} \times R_{x} \qquad L_{x} 反接法 = \frac{1}{1 + \frac{\frac{1}{2R}}{100}} \times (1 - R_{x})$$

式中，R 为临时线回线电阻；

$\qquad R_{x}$ 为电桥读数。

39 > 为什么闪络故障不能直接使用电桥法测试？

电桥法是基于欧姆定律原理进行测试的，而闪络故障不能形成稳定的电流，因此不能直接用电桥法测试闪络故障。通过高电压、大电流的烧穿设备将闪络故障的电阻降低后，回路可形成稳定的电流，才能使用电桥法测试。

第二节·行波法

40 > 行波法的基本原理是什么？

行波测距法是根据脉冲电压或电流行波在线路中的传播特性理论实现的测距方法，主要通过行波在绝缘介质中的传播速度、时间、距离（长度）来进行换算。行波法一般可分为低压脉冲反射法、脉冲电流法、脉冲电压法和多次脉冲法等。

41 > 什么是传输线理论？

电缆线路作为行波传播的载体，应当看作一种传输线，而传输线有长线和短线之分。当传输线的长度与线上所传播的电磁波的波长相比不能被忽略时，称该传输线为长线，反之则称为短线。电缆线路发生故障时，故障脉冲为几百 kHz 甚至几 MHz 的高频信号，故障行波的波长仅为 200 m 左右，因此在研究电缆线路上的电压波与电流波的传播过程时，应当将其看成长线。

电缆可看成由许许多多的电阻 R_{0}、电导 G_{0}、电容 C_{0} 与电感 L_{0} 元件相连接组成的，这些元件称为电缆的分布参数，等效电路如图 27 所示。通常来说，电缆的电阻、电容、电感以及电导等分布参数是均匀的,电缆线路可看作均匀传输线。

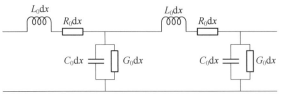

图 27 电缆分布参数电路

当电流流过每一段电路上的串联电阻 $R_0 dx$ 与电感 $L_0 dx$ 时,就会产生电压降,电流在每一段线路上还会通过电容 $C_0 dx$ 与电导 $G_0 dx$ 返回。如果忽略线路的传播损耗,即 $R_0 = G_0 = 0$,则线路称为无损耗线路,其单位长度上电容、电感值分别用 C_0 与电导 L_0 表示。

分布参数线路上任一点电压、电流值实际上是许多个向两个不同方向传播的电压、电流波数值的代数和。这些电压、电流波以一定的速度运动,因此称为行波。我们把运动方向与规定方向一致的行波称为正向行波,而把运动方向与规定方向相反的行波称为反向行波。

42 > **什么叫波速度**？

行波单位时间内在电缆中传播的距离称为电缆的波速度 υ。电缆中行波的波速度可表示为:

$$\upsilon = \frac{1}{\sqrt{L_0 C_0}}$$

波速度与电缆的电感和电容有关。

根据电磁场理论,对于电力电缆而言,其单位长度上电容 C_0、电感 L_0 可用如下公式计算:

$$L_0 = \frac{\mu_0 \mu_r}{2\pi} \ln \frac{2h}{r}$$

$$C_0 = \frac{2\pi\varepsilon_0\varepsilon_r}{\ln \frac{2h}{r}}$$

式中,h 为电缆线芯与金属护套之间的距离,即电缆主绝缘的厚度;

r 为线芯的半径;

μ_0 为真空磁导率,为 $4\pi \times 10^{-7}$ H/m;

μ_r 为电缆芯线周围绝缘材料的相对磁导系数;

ε_0 为空气介电常数，为 $1/(36\pi\times10^9)$F/m；

ε_r 为电缆芯线周围绝缘材料的相对介电常数。

可得：

$$v = \frac{S}{\sqrt{\mu_r\varepsilon_r}}$$

式中，$S=3\times10^8$ m/s，是光的传播速度。可见，电缆中波的速度只与电缆的绝缘介质性质有关，而与导体芯线的材料和导体的横截面积无关。同一绝缘介质的 μ_r 和 ε_r 会因介质中杂质的变化而改变，但由于制造工艺水平的提高，杂质的含量很少，因此同一绝缘介质的 μ_r 和 ε_r 可认为不变。

行波在不同绝缘材料电缆中的传播速度见表 8。

表 8　行波在电缆中的传播速度

电缆绝缘材料类型	交联聚乙烯	油纸	聚氯乙烯	橡胶
波速度/(m/μs)	170~172	160	184	220

43 > 什么叫波阻抗，电缆线路的波阻抗是多少？

电缆中的电压波在向前运动时，对分布电容不断充电产生伴随向前运动的电流波。一对电压、电流波之间的关系，可用波阻抗（也称特性阻抗）Z_0 来描述。

正向电压波 $U+$ 与电流波 $i+$ 满足关系：

$$\frac{U+}{i+} = Z_0$$

反向电压波 $U-$ 与电流波 $i-$ 则满足关系：

$$\frac{U-}{i-} = -Z_0$$

由此看出，正向电压、电流波同极性，而反向电压、电流波反极性，如图 28 所示。

波阻抗是电缆中一对正向或反向电压、电流波之间的幅值之比，而不是任一点电压、电流瞬间幅值之比，因为电缆任一点电压、电流的瞬时值是通过该点的许多个正向与反向电压、电流行波相叠加而形成的。

电缆的波阻抗可表示为：

$$Z_0 = \sqrt{\frac{L_0}{C_0}}$$

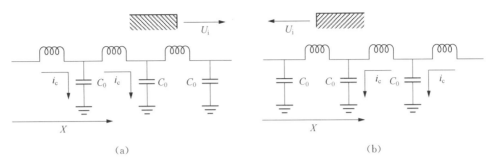

图 28 电流行波的极性
(a) 正向;(b) 反向

L_0、C_0 除与电缆所用介质材料、介电系数与磁导率有关外,还与电缆芯线的截面积和芯线与外皮之间的距离有关,所以,不同规格和种类的电缆,其波阻抗也不同。电缆芯线截面积越大,波阻抗值越小。L_0、C_0 与电缆的长度无关,即使很小一段电缆,波阻抗也处处相等。电力电缆的波阻抗值一般在 $10\sim40\,\Omega$。

44 > 如何区分行波在电缆中的正反射和负反射?

两个波阻抗不同的电缆相连接时,连接点会出现阻抗不匹配。当电缆中出现开路或低阻故障时,故障点等效阻抗与电缆波阻抗不相等,也会出现阻抗不匹配。当行波运动到阻抗不匹配点时,会产生全部或部分反射,出现行波反射现象。在低电阻故障(故障点电阻不为零时),还会有行波透射现象,即有一部分行波越过故障点继续往前运动。

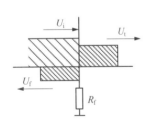

图 29 行波的反射与透射

电缆出现故障时,行波的反射与透射现象如图 29 所示。其中,U_i 为入射波,U_f 为返回的反射波,U_t 为越过故障点的透射波,R_f 为故障电阻。

行波的反射程度可用发生反射的阻抗不匹配点的反射电压(电流)与入射电压(电流)之比来表示,这比值称为电压(电流)反射系数。设线路波阻抗为 Z_0,阻抗不匹配点等效阻抗为 Z_f,则电压反射系数 ρ_u 为:

$$\rho_u = \frac{U_f}{U_i} = \frac{Z_f - Z_0}{Z_f + Z_0}$$

电缆故障的等效阻抗如图 30 所示。对于开路故障,电缆断开,无电缆波阻抗 Z_0 与故障电阻 R_f 并联,Z_f 等于故障电阻 R_f,接近无穷大,电压反射系数 ρ_u 约为 1,为正反射,反射脉冲与入射脉冲同极性。

对于低阻、高阻和闪络故障,Z_f 等于故障电阻 R_f 和电

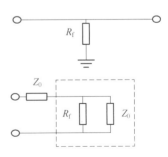

图 30 故障等效阻抗

缆波阻抗 Z_0 并联。

短路故障时，R_f 等于零，电压反射系数 ρ_u 为 -1，为负全反射；低阻故障时，电压反射系数 $-1<\rho_u<0$，为负反射，反射脉冲与入射脉冲极性相反。故障电阻 R_f 为 $10\ Z_0$ 时，电压反射系数 ρ_u 的绝对值小于 5%，反射很小，因此低阻故障和高阻故障以 $10\ Z_0$ 区分。

发生高阻和闪络故障时，Z_f 约为波阻抗 Z_0，电压反射系数 ρ_u 接近于零，几乎没有反射。

45 > 行波法有哪些具体的测试方法？

按测试方法分类，行波法可分为低压脉冲反射法、脉冲电流法、脉冲电压法、多次脉冲法。按采样点分类，行波法可分为单端法和双端法。详见图 31。表 9 给出了其中几种行波法测试方法的适用情况。

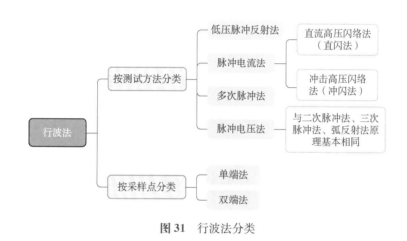

图 31　行波法分类

表 9　常用行波法测试方法的适用情况

行波法测试方法		适用情况
低压脉冲反射法		开路故障 低阻故障 电缆全长 接头位置
脉冲电流法	直流高压闪络法	闪络故障
	冲击高压闪络法	低阻故障 高阻故障 闪络故障
多次脉冲法		高阻故障 闪络故障

46 > 为什么现场作业中很少使用脉冲电压法？

脉冲电压法是 20 世纪 60 年代发展起来的一种高阻故障和闪络故障的测试方法。电缆故障在直流高压或脉冲高压信号的作用下击穿后，通过测量放电电压脉冲在观察点与故障点之间往返一次的时间可实现故障测距。脉冲电压法的一个重要优点是不必将高阻与闪络故障烧穿，可直接利用故障击穿产生的瞬间电压脉冲信号，测试速度快，测量过程也得到简化。但脉冲电压法的缺点有：

（1）安全性差，仪器通过一电容电阻分压器分压测量电压脉冲信号，仪器与高压回路有电耦合，很容易发生高压信号串入，造成仪器损坏。

（2）在利用闪测法测距时，高压电容对脉冲信号呈短路状态，需要串一电阻或电感以产生电压信号，增加了接线的复杂性，且降低了电容放电时加在故障电缆上的电压，使故障点不容易击穿。

（3）在故障放电时，特别是进行冲闪测试时，分压器耦合的电压波形变化不尖锐，难以分辨。

因此，脉冲电压法现场使用很少，本书不做专门介绍。低压脉冲法、脉冲电流法、多次脉冲法在现场得到了广泛的使用。

第三节·低压脉冲反射法

47 > 低压脉冲反射法的工作原理是什么？

低压脉冲反射法，又叫雷达法、TDR 法，通过测量故障点反射脉冲与发射脉冲的时间差来测距，主要用于测量电缆的低阻、短路和开路故障的距离。低压脉冲反射法的优点是简单、直观、不需要知道电缆的准确长度等原始技术资料。根据脉冲反射波形还可以容易地识别电缆接头与分支点的位置。

向电缆注入一个低压脉冲，该脉冲沿电缆传播到阻抗不匹配点，如短路点、开路点、中间接头等，脉冲产生反射，返回到测量端，测量波形上发射脉冲与反射脉冲的时间差 Δt，对应脉冲在测量点与阻抗不匹配点往返一次的时间。低压脉冲反射过程如图 32 所示。

已知脉冲在电缆中的波速度 v，则阻抗不匹配点距离可由下面公式计算：

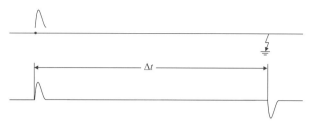

图 32 低压脉冲反射示意图

$$L_x = \frac{v\,\Delta t}{2}$$

通过识别反射脉冲的极性,可以判定故障的性质。由行波传输的反射特性可知,开路故障的行波电压反射系数为 +1,即开路故障反射脉冲与发射脉冲幅值大小相同,极性也相同;而短路故障的电压反射系数为 -1,即反射脉冲与发射脉冲幅值大小相同,极性相反。由于电缆都存在一定的损耗,因此反射脉冲幅值都小于发射脉冲的幅值。损耗越大,反射脉冲幅值就越小。

低压脉冲反射法的缺点是仍不能适用于测量高阻与闪络故障。

48 > 现场如何使用低压脉冲反射法?

现场使用低压脉冲反射法进行电缆故障测距时,需要用到行波测距仪,其布置与接线如图 33 所示。

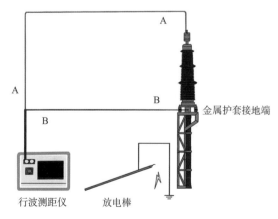

图 33 故障测距仪的接线

主要步骤如下:

(1) 确认待测电缆无电,且与其他设备无连接。

(2) 对交叉互联处两段护层进行连接,护层保护器短接;分段保护接地的相邻两段护层连接并接地,确认高压电缆的金属护套是连续的。

(3) 将行波测距仪信号口引出的测试线 A 端(红色)、B 端(黑色)分别夹在待测电缆的线芯、金属护套上。

(4) 选择低压脉冲方式,选择合适的范围(测量范围建议选择两倍电缆全长),调整增益,分析判断测试波形,移动光标到合适位置,测量故障点的距离。

49 > 如何分析低压脉冲反射法的波形?

低压脉冲反射法可用来测量开路、短路、低阻故障的距离,也可测量接头的位置和电缆全长。下面以几种典型的低压脉冲波形为例介绍其分析方法,为便于理解,本书对波形图中涉及的概念做以下规定:F 为故障点;J 为中间接头;Δt 为时间差;R_f 为故障电阻;L_x 为测试端到故障点的距离。

(1) 开路故障。

发生开路故障时,脉冲在开路点产生全反射,反射脉冲与发射脉冲同极性。断路故障脉冲反射波形如图 34 所示。

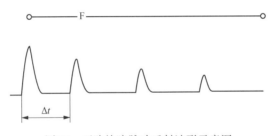

图 34 开路故障脉冲反射波形示意图

波形上第一个脉冲为发射脉冲,第二个脉冲为故障点反射脉冲,第三个、第四个为故障点的二、三次反射脉冲,这是脉冲在测量端与故障点之间多次来回反射的结果,且任意相邻反射脉冲间的时间差均为 Δt。通常,选取第一、第二脉冲的时间差 Δt 来计算故障距离。由于脉冲在电缆中传输存在损耗,脉冲幅值逐渐减小,波头上升变得愈来愈缓慢。

实际测试时,应将虚光标放置到第一个正反射脉冲的起始点(拐点)处,得到开路故障距离。

(2) 短路故障。

发生短路故障时,脉冲在短路点产生全反射,反射脉冲与发射脉冲极性相反。电缆短路故障脉冲反射波形如图 35 所示。

波形上第一个故障点反射脉冲之后的脉冲极性出现一正一负的交替变化,这是由

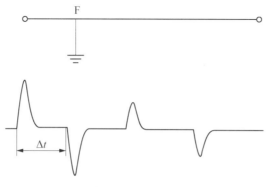

图 35 短路故障脉冲反射波形示意图

于脉冲在故障点反射系数为 -1 而在测量端反射为正的缘故,且任意相邻正负脉冲间的时间差均为 Δt。通常选取第一个正脉冲和第一个负脉冲的时间差 Δt 来计算故障距离。

实际测试时,应将虚光标放置到第一个负反射脉冲的起始点(拐点)处,得到短路故障距离。

(3)低阻故障脉冲反射波形。

电缆中出现低电阻故障时,故障点电压反射系数为 $-1 < \rho u < 0$,反射脉冲幅值小于发射脉冲幅值,但极性相反。电缆低阻故障的脉冲反射波形如图 36 所示。图中的第一个正脉冲为发射脉冲,正极性的小脉冲为故障点透射的脉冲在电缆终点反射形成的,故选取第一个正脉冲和第一个负脉冲的时间差 Δt 来计算故障距离。

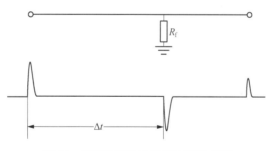

图 36 低阻故障脉冲反射波形示意图

实际测试时,将虚光标放置到第一个负反射脉冲的起始点(拐点)处,得到低阻故障距离,虚光标放置到末端正反射脉冲起始点(拐点)处,得到电缆全长。

(4)中间有接头的电缆脉冲反射波形。

图 37 给出了一条有低阻接地故障的电缆和电缆的低压脉冲反射波形,在电缆中间有接头 J。被测电缆结构状态以波形的形式直观地呈现在仪器的屏幕上,如中间接头 J、故障点 F、电缆的终端 B 的反射波形。

根据脉冲的极性与大小可判别阻抗不匹配的性质(例如低阻、短路还是开路)。由行波的反射原理可知,开路与短路故障反射比较强,而中间接头反射较弱。低阻故障电阻值越小,反射越强烈。

实际测试时,应将虚光标放置到不同反射脉冲的起始点(拐点)处,可得接头、低阻故障点、全长的距离。

观察电缆的低压脉冲反射波形除可以找出故障点的位置及判别故障性质外,还有利于了解复杂电缆的结构。

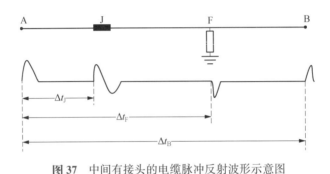

图 37　中间有接头的电缆脉冲反射波形示意图

50 > 现场如何使用低压脉冲比较法?

高压单芯电缆结构比较复杂,金属护套交叉互联、电缆分支点对脉冲反射波形都有影响,现场测到的波形往往是反射波形杂乱,不容易理解,分析比较困难。低压脉冲比较法通过比较非故障相和故障相电缆的反射波,便于现场操作人员快速确定故障距离。

如图 38(a)所示,有中间带接头的电缆发生单相低阻接地故障,首先在非故障相的线芯上测得一波形,如图 38(b)所示,通过仪器上的" 记忆 "按钮,将波形记录下来。

然后在测试范围、增益不变的条件下,测试故障芯线,测量波形如图 38(c)所示。

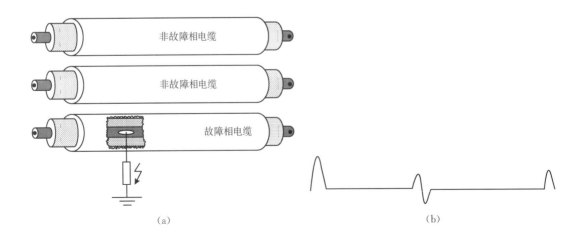

(a)　　　　　　　　　　　　　　　　　　　(b)

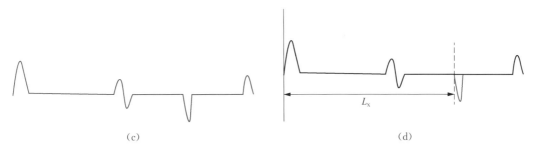

(c) 　　　　　　　　　　　　　　　　(d)

图 38　波形比较法测量单相低阻故障

(a) 电缆单相低阻接地故障；(b) 非故障相的低压脉冲波形；(c) 故障相的低压脉冲波形；(d) 非故障相与故障相低压脉冲波形比较

　　按仪器上的" 比较 "按钮，两条波形同时显示。两波形出现明显差异，这是由于故障点反射脉冲所造成的，如图 38(d)所示，明显差异点所代表的距离即是故障点位置。

　　将虚光标放置到两条波形开始出现明显差异的起始点，得到故障距离 L_x。

第四节 · 脉冲电流法

51 〉 什么是脉冲电流法，其工作原理是什么？

　　脉冲电流法是 20 世纪 80 年代初发展起来的一种测试方法，以安全、可靠、接线简单等优点得到了广泛的应用。主要用于电缆高阻和闪络故障的测距，也可用来测量低阻和短路故障。

　　脉冲电流法是将电缆故障点用高电压击穿，使用行波测距仪采集并记录下故障点击穿产生的电流行波信号，通过分析判断故障电流行波信号在测量端与故障点往返一次的时间来计算故障距离。脉冲电流法采用线性电流耦合器耦合采集地线中的电流行波信号。根据对电缆施加高压击穿的方式，脉冲电流法又分为直流高压闪络法（简称直闪法）和冲击高压闪络法（简称冲闪法）。施加直流高压时，为直闪法；施加脉冲高压时，为冲闪法。

　　图 39 是脉冲电流法测试原理图，D 为高压硅堆，线性电流耦合器 L 放置在储能电容 C 接电缆金属护套的接地引线上，与地线中电流产生的磁场相匝链。

　　脉冲电流法与脉冲电压法相比，脉冲电流法通过线性电流耦合器测量电缆故障击穿时产生的电流脉冲信号，与高压回路无连接，安全性高，接线简单，传感器耦合出的脉

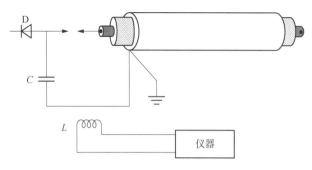

图 39 脉冲电流法测试原理图

冲电流波形也比较容易分辨。

现场测试中,脉冲电流法的测量波形多种多样,有时很难分辨,很难确定故障点位置,容易出现较大的测量误差,甚至出现误判。

52 > 脉冲电流法现场测试需要哪些设备?

传统的脉冲电流法现场测试时,各种仪器设备是分散开的(简称传统分体式设备),需要测试人员现场将各设备连接起来才能完成测试,所需要的设备有调压器、变压器、高压硅堆、微安表、电容器、放电球间隙以及故障测距仪。现场接线如图 40 所示,采用了放电球间隙的为冲闪法,不采用放电球间隙的则为直闪法。需要注意的是,图中的变压器是和高压硅堆集成一体的,而有些变压器并无高压硅堆,需要外接高压硅堆。

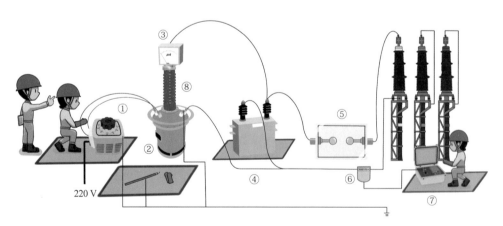

①—调压器;②—变压器;③—微安表;④—电容器;⑤—放电球间隙;⑥—耦合器;⑦—行波测距仪;⑧—高压硅堆。

图 40 传统脉冲电流法现场测试接线图

随着电子化技术的发展,脉冲电流法的成套设备越来越集成化、智能化,图 41 所示为两种成套设备。

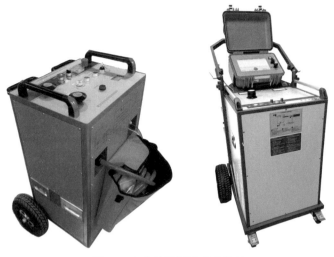

图 41 电力故障测试成套设备

53 〉 脉冲电流法现场如何操作？

使用脉冲电流法进行电缆故障测试时，成套的设备现场布置和接线如图 42 所示。

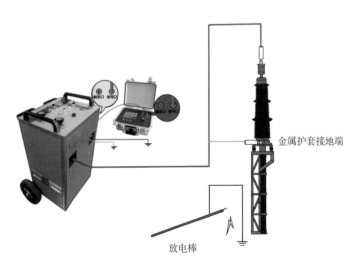

金属护套接地端

放电棒

图 42 成套故障测试设备现场布置和接线图

主要操作步骤如下：

（1）确认待测电缆无电，且与其他设备无连接。

（2）对交叉互联处两段护层进行连接，护层保护器短接；分段保护接地的相邻两段护层连接并接地，确认高压电缆的金属护套是连续的。

（3）高压发生器的高压输出电缆连接到待测故障电缆，工作接地与金属护套连接并接地。放电棒可靠连接到接地编织铜线上,放置在紧靠高压发生器位置,方便使用。保护地和辅助地单独接地。

(4)电力电缆测距仪紧靠高压发生器放置,方便操作。用脉冲电流测试导引线连接电力电缆测距仪信号口和高压发生器信号口。

(5)行波测距仪选用脉冲电流方式,选用合适的测试范围,调整波速度,按测试键,等待触发。

具体操作流程如图 43 所示。

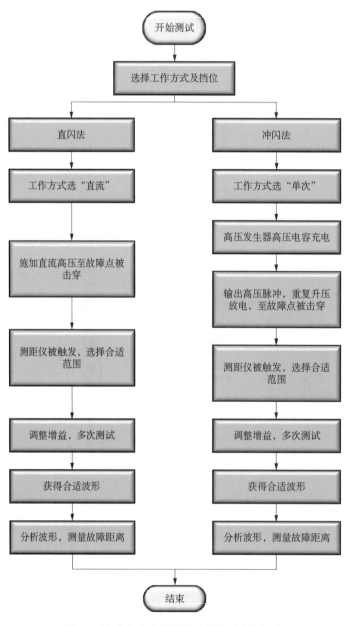

图 43 脉冲电流法故障测试操作流程(典型)

54 〉 **如何分析脉冲电流法的波形**？

脉冲电流法中，直闪法主要用来测闪络故障，冲闪法主要用来测低阻、高阻和闪络故障。

（1）直闪法波形分析。

采用直闪法接线，对电缆施加直流高压。缓慢升高电压，当施加电压大于故障击穿电压时，故障点被击穿，形成放电电弧，产生电流脉冲。电流脉冲向测量端传播，当到达测量端时，被高压信号发生器的电容反射，电容对高频电流反射系数约为+1，电流脉冲向故障点运动，当碰到故障点电弧时，被反射回测量端，电弧的视在电阻接近于零，电流反射系数约为+1。因此，电流脉冲在测量端电容与故障点电弧之间来回运动，波形如图44所示。

图 44 直闪法脉冲电流波形

图44中，第一个脉冲（负脉冲）为故障点击穿放电电流脉冲，第二个脉冲（负脉冲）为放电电流脉冲的一次反射脉冲，第三个脉冲（负脉冲）为故障点放电电流脉冲的二次反射脉冲。相邻脉冲间的距离相等，具有周期性；幅值随传播距离的增大而越来越小，具有衰减性；高频分量衰减快，脉冲变平缓，具有渐缓性。

实际测试时，实光标放在故障点击穿放电电流脉冲的下降沿，虚光标放在放电电流脉冲的一次反射脉冲前正小脉冲的上升沿（出现正小脉冲主要是因为电容的杂散电感的影响）。长距离故障和衰减大的电缆，一次反射脉冲前正小脉冲会衰减消失，测距会变长几十米。

（2）冲闪法波形分析。

采用冲闪法接线，缓慢升高高压信号发生器电压。高压脉冲注入电缆，同时产生电流脉冲，向故障点方向运动，当电压大于故障击穿电压时，故障点被击穿，产生电流脉冲，形成放电电弧。电流脉冲在测量端电容与故障点电弧之间来回运动。所得测试波形如图45所示。

图45中，第一个脉冲（负脉冲）为高压发生器的发射电流脉冲，第二个脉冲（负脉冲）

图 45 冲闪法脉冲电流波形

为故障点击穿放电电流脉冲,第三个脉冲(负脉冲)为放电电流脉冲的一次反射脉冲,第四个脉冲(负脉冲)为故障点放电电流脉冲的二次反射脉冲。从故障点击穿放电电流脉冲起,相邻脉冲间的距离相等,具有周期性;幅值随传播距离的增长而越来越小,具有衰减性;高频分量衰减快,脉冲变平缓,具有渐缓性。

实际测试时,实光标放在故障点击穿放电电流脉冲的下降沿,虚光标放在放电电流脉冲的一次反射脉冲前正小脉冲的上升沿。

55 > 使用冲闪法时需要注意哪些问题?

(1)冲闪法测距波形随故障点不同而变化,有时波形十分杂乱,分析十分困难,特别是测量低压电缆和中间接头多的电缆。

(2)准确判断故障点被击穿放电。通过分析测距仪测试波形,若出现周期性、衰减性、渐缓性的波形,则故障点被完全击穿。反之,故障点未完全放电。

(3)准确测量故障距离。实际测试时,实光标放在故障点击穿放电电流脉冲的下降沿,虚光标放在放电电流脉冲的一次反射脉冲前正小脉冲的上升沿,故障距离测量更精确。因为后面脉冲幅值越来越小,脉冲越来越缓,波形不尖锐,光标位置不好确定。

56 > 什么叫故障点放电延时?

对电缆施加直流高压或脉冲高压,当故障点电压较高、场强足够大时,介质中存在少量的自由电子将在电场作用下运动加速,自由电子碰撞中性分子,使其产生新的电子和正离子,这些电子和正离子获得电场能量后又和别的中性分子相互碰撞。这个过程不断发展下去,使介质中电子流"雪崩"加剧,造成绝缘介质击穿,形成导电通道,故障点被强大的电子流瞬间短路,产生强大的瞬间电流,故障点被击穿放电。

高压波到达故障点的过程和故障点被击穿的过程都需要一定的时间,一般为几十纳秒到几百纳秒。这种现象被称作故障点放电延时。

57 〉长放电延时的故障波形有什么特征?

电缆故障点的放电延时一般很短,从几十纳秒至几百纳秒。但有些故障因电缆铠装或铅包破裂未及时处理,潮气从破裂处渗透进电缆,形成大面积受潮。这时,故障点放电延时时间往往很长,达数百微秒,甚至数毫秒。

电力电缆行波测距仪在被触发后采集波形。采集波形的时间长度是有限的,如果放电延时过长,在故障点击穿放电时,测距仪已停止数据采集,就无法采集到故障点放电的脉冲电流波形。如在图46中,测距仪数据采集的时间长度为t_0,而故障点击穿时间(图上A点)已超过t_0,故仪器记录不到故障点放电脉冲电流波形。因此,从球间隙放电声音等现象判断,故障点已击穿,但从记录的波形上却观察不到故障点放电的迹象。

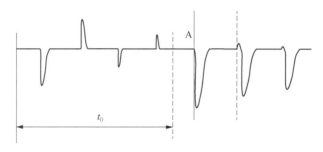

图46 长放电延时的脉冲电流波形

测距仪的"延时触发"功能可以测量这类故障距离。在测距仪被高压发生器放电脉冲触发后开始计时,预定时间后,测距仪再次进入"等待触发"状态,等待故障点放电脉冲到来后再次被触发,采集波形并显示。

选择测距仪的"延时触发",调整测距仪"延时触发"时间,应接近或大于t_0。在该时间后,高压发生器加到电缆上去的电流波在经过来回多次反射后,幅值很小,脉冲已变得非常平缓,不会引起测距仪触发,而在故障点放电电流脉冲到来后,测距仪被触发,可采集故障点放电产生的脉冲电流波形。若放电延时只有几微秒,可选择较大的"范围"测试。

长放电延时的波形特征:

(1)测距仪采集的长放电延时的脉冲电流波形,类似于直闪测试所得到的波形。第一个脉冲为故障点击穿放电电流脉冲,后续脉冲分别为故障点放电电流脉冲的一次反射脉冲、二次反射脉冲、三次反射脉冲等。

(2)A时刻(故障点击穿放电)前的两相邻脉冲距离为电缆的全长。

58 > 故障点不充分放电有哪些现象,如何使故障点充分放电?

冲闪法的一个关键是判断故障点是否击穿放电。测试人员可以通过以下现象来判断故障点是否击穿:

(1)电缆故障点不充分放电时,高压发生器电压表指针摆动较小且缓慢,而故障点充分放电时,电压表指针摆动范围较大、摆动迅速(传统脉冲电流法设备通过微安表指针判断)。

(2)电缆故障点不充分放电时,球间隙的放电声嘶哑,不清脆,而故障点充分放电时,球间隙的放电声清脆响亮。

故障点能否击穿主要与高压信号发生器内置的储能电容的容量有关,储存能量可由下式计算:

$$W = \frac{CV^2}{2}$$

式中,C 为电容容值;

V 为电容上的电压。

由此式可知,使电缆故障点充分放电主要通过增大电容、升高电压两种方式实现。

59 > 故障点未击穿的脉冲电流波形是怎样的?

向电缆中施加高压脉冲,脉冲给电缆充电,产生电流脉冲。故障点未击穿时,电流脉冲越过故障点,到达电缆远端,远端相当于开路故障,电流反射系数为−1,产生负反射,返回测量端,测量端电容电流反射系数为+1,再次反射向远端运动。电流脉冲在测量端电容和远端之间来回运动,直至能量耗尽,波形如图 47 所示。现场使用的行波测距设备,可以设定实光标和虚光标的位置,两个光标之间的距离是经过换算后的距离。如图 47 所示,L 为电缆线路的全长。相邻脉冲间的距离相等,等于电缆全长,具有周期性、衰减性、渐缓性等特点。

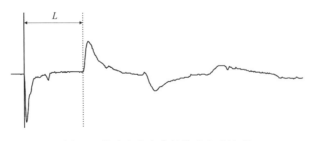

图 47 故障点未击穿的脉冲电流波形

60 > 直接击穿的脉冲电流波形有什么特征？

向电缆中施加高压脉冲,高压脉冲到达故障点,故障点被直接击穿,产生故障放电电流脉冲。电流脉冲在故障点和测量端电容之间来回运动,形成如图 48 所示波形。除了具有周期性、衰减性、渐缓性的共性外,无电缆全长的反射脉冲波形相对简单。

图 48 直接击穿的脉冲电流波形

实际测试时,将实光标放在故障点击穿放电电流脉冲的下降沿,虚光标放在放电电流脉冲的一次反射脉冲前正小脉冲的上升沿,虚实光标之间的距离为故障距离。

61 > 近距离故障脉冲电流波形有什么特征？

近距离故障的直闪法脉冲电流波形如图 49 所示。故障点距离测试端很近,故障点反射波很快回到测试端,叠加到前一个脉冲上去,相邻脉冲靠得很近,且幅值较小,衰减很快。

图 49 近距离故障直闪法脉冲电流波形   图 50 近距离故障(测试端电缆终端故障)
                                             直闪法脉冲电流波形

当故障点在测试端的电缆终端时,脉冲电流波形如图 50 所示。故障击穿时,在电缆终端上形成短路电弧,电容本身及测试导引线的杂散电感构成放电回路,产生振荡电流,经线性电流耦合器耦合后,形成图中所示的衰减的余弦振荡波形。

62 ╱ 远端反射击穿的脉冲电流波形有什么特征？

向电缆中施加高压脉冲,高压脉冲到达故障点时电压较低,故障点未被击穿;高压脉冲越过故障点,被电缆远端反射,电压加倍,再次回到故障点,故障点被击穿,产生故障放电电流脉冲。电流脉冲在故障点和测量端电容之间来回运动,形成如图51所示的波形。与直接击穿波形相比,它多了一个正脉冲,高压发生器发射脉冲与此正脉冲间距离为电缆全长。正脉冲与发射脉冲相比,也符合周期性、衰减性和渐缓性的特点。

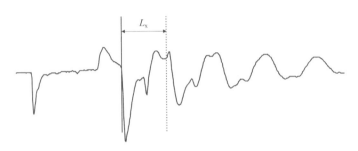

图 51 远端反射击穿的脉冲电流波形

63 ╱ 如何判断假放电？

现场测试电缆故障时,会出现一种现象:高压发生器电压表(或微安表)指针摆动范围较大,几乎到零,且摆动迅速,球间隙的放电声也很清脆响亮,但采集不到故障放电的脉冲电流波形,无法测量故障距离。这种现象即为假放电。

发生假放电现象时,即使电压表(或微安表)指针摆动范围较大且迅速,也不能说明电缆故障点已充分放电,特别是对低压电缆故障和接头进水故障,很难击穿。必须通过分析测距仪测试波形,若出现周期性、衰减性和渐缓性的波形,则表示故障点充分放电。

64 ╱ 为什么有些接头故障很难击穿？

在实际的电缆故障测试中,电缆接头故障相对于电缆本体故障,击穿电压高,故障点很难击穿。这与电缆本体和接头的结构有关。电缆本体故障为径向击穿,故障点的等效间隙约为电缆绝缘层的厚度,通常在几个厘米,因而较易击穿,形成稳定电弧。而接头故障的等效间隙比较大,通常表现为闪络故障的特性,因此很难击穿。

第五节·多次脉冲法

65 多次脉冲法的原理是什么？

多次脉冲法是在低压脉冲法（大多只有几十伏电压，仅可测全长、低阻、短路、开路故障）的基础上开发的，目的是解决电缆高阻和闪络故障。其原理类似于低压脉冲比较法。

测试时，先将低压脉冲信号施加在电缆上，得出一条电缆参考波形，即为电缆的全长波形，并显示相应的距离，暂存在屏幕上，将其视为一次脉冲，如图52所示。

图52　一次脉冲波形图

然后，使用具备延弧装置的高压发生器，通过升压变压器将高压（kV级）施加到内部储能电容上，再通过放电球间隙瞬间将高压施加到电缆上，此时高阻或闪络故障点被短暂击穿，瞬间产生电弧。在电弧作用（ns～ms级）期间，电缆故障性质变为低阻或短路故障，通过耦合装置，利用高采样频率的脉冲反射仪快速采集多个低压脉冲信号，将多个低压脉冲波形暂存在设备中，将其视为多次脉冲法，从多个脉冲波形中选中一个理想的波形，作为故障波形显示，与一次脉冲进行比较，从而测定故障距离，如图53所示。

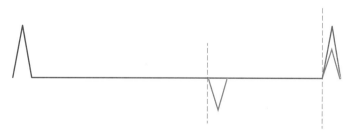

图53　二次脉冲波形图

66 〉 多次脉冲法现场测试需要哪些设备?

多次脉冲法现场测试设备通常由控制电路、升压变压器、高压电容、滤波器、耦合器、行波测距仪等组成。新型电缆故障测试设备已经实现了智能化、一体化集成,图 41 中的两种设备均可实现多次脉冲法故障测试,现场测试接线如图 54 所示。

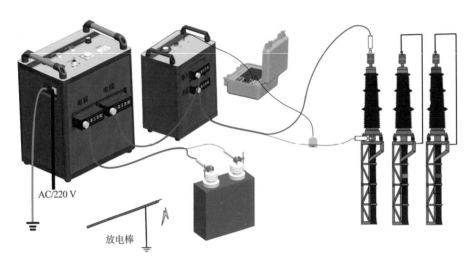

AC/220 V

放电棒

图 54　多次脉冲法现场接线图

67 〉 多次脉冲法相比于脉冲电流法有何优势?

多次脉冲法相比于脉冲电流法,波形易于分析判断,测试精度更高,误差较小。两种方法的比较见表 10。

表 10　多次脉冲法和脉冲电流法比较

测试方法	多次脉冲法	脉冲电流法
波形分析	有两个波形显示,有明显的视觉对比,波形容易分析	仅有一个波形,并且故障性质不同波形也存在差异,需要识别周期位置
测试误差	测试精度高,误差较小	传输有延迟时间,误差较大

68 〉 多次脉冲法的两次行波和低压脉冲比较法有什么区别?

多次脉冲法的两次行波和低压脉冲法的比较法波形呈现在最终界面时并没有明显

区别,均是两个波形的对比分析。多次脉冲法是故障点击穿前后的波形对比,如图 55 所示,蓝色为参考波形,红色为故障波形。而低压脉冲法的比较法是故障相和非故障相的低压脉冲波形对比,如图 56 所示。

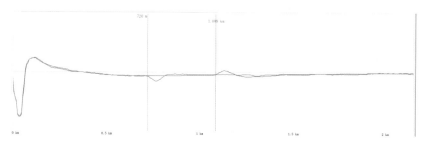

图 55　多次脉冲法实测波形

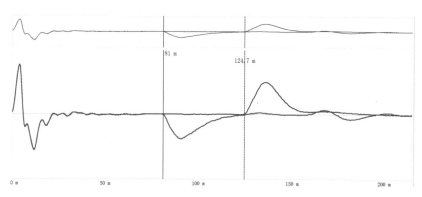

图 56　低压脉冲比较法实测波形

第五章

高压电缆路径探测及精确定点

第一节 · 高压电缆线路路径探测

69 高压电缆线路路径探测的方法有哪些?

高压电缆线路路径探测方法主要有音频感应法和脉冲磁场法两种,如图 57 所示。

图 57 高压电缆线路路径探测方法

70 音频感应法的基本原理是什么?

音频感应法的基本原理是电磁感应定律,当电缆导体中流过交变电流时,其周围便存在交变磁场,当导电线圈接近这个变化的磁场时,线圈内就会感应出交变电流,如图 58 所示。线圈感应电流的强弱与穿过线圈磁感线的多少有关。

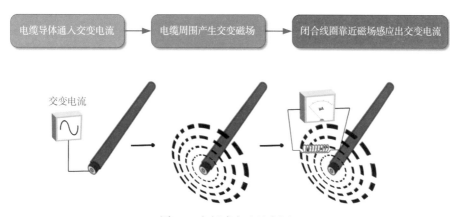

图 58 音频感应法基本原理

71 > 有哪些常用的音频感应测试方法?

常用的音频感应测试方法有音峰法、音谷法和极大值法。

(1) 音峰法。

此法使探测线圈的磁棒平行于地面并与电缆线路方向垂直,在电缆线路的上方平行移动。当探测线圈移动到电缆线路的正上方时,其感应到的音频信号最强;当线圈朝两侧移动时,其感应到的音频信号逐渐减弱。即音频信号峰值位置与电缆线路位置相对应,如图 59 所示。

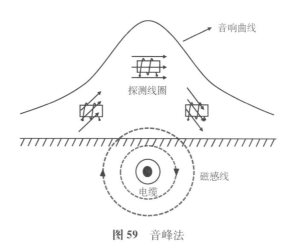

图 59 音峰法

(2) 音谷法。

此法使探测线圈的磁棒垂直于地面,当线圈在移动过程中位于电缆正上方时,磁感线与线圈平行,无法感应到音频信号。探测线圈向两边移动时,穿过线圈的磁感线逐渐增加,但超过一定距离时,由于线圈离开电缆线路过远,穿过线圈的磁感线又逐渐减少,声音又逐渐减弱。因此,音量谷底的位置则对应电缆线路位置,如图 60 所示。

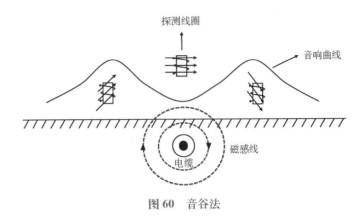

图 60 音谷法

(3) 极大值法。

此法用两个感应线圈,一个垂直于地面、一个水平于地面,将垂直线圈负极性与水平线圈感应电动势叠加,此时在电缆正上方线圈穿过的磁感线最多,线圈中的感应电动势也最大,接收器中听到的音频信号也最强,而线圈往电缆径向两侧移动时,音频声音快速减弱。因此声音最强处正下方就是电缆位置,如图 61 所示。

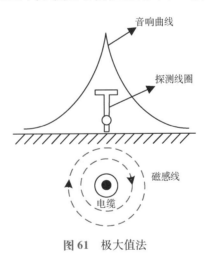

图 61 极大值法

相比音峰法而言,极大值法在电缆两侧接收到的音频信号变化更快,因此信号最大值极为明显。当邻近有多条电缆线路时,建议采用此方法。

72 〉 音频感应法的常用测试设备有哪些?

音频感应法的测试设备主要由音频信号发生器、音频信号接收机、夹钳组成,如图 62 所示。

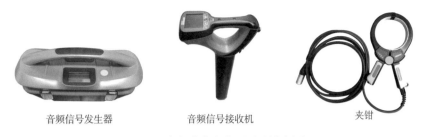

音频信号发生器　　　　　音频信号接收机　　　　　夹钳

图 62　音频感应法常用测试设备图

73 音频感应法有哪几种信号接入方式？

音频感应法中的信号接入方式主要有两种，分别为直连法和夹钳耦合法，其适用范围如图 63 所示。需要指出的是，在无法接触到电缆，或者需要"盲找"时，可以使用感应法（也称作辐射法）接入信号，这种情况在 110 kV 及以上电缆中几乎没有，因此本书不作介绍。

图 63　信号接入方式及其适用范围

74 直连法现场该如何接线？

使用直接连接线将信号通入电缆线芯，通过另外一端接地的方式实现完整的闭合回路，从而使闭合回路里的交变电流在电缆上形成持续稳定的电磁场，如图 64 所示。直连法的特点是：信号强、定位精度高，易分辨相邻电缆。

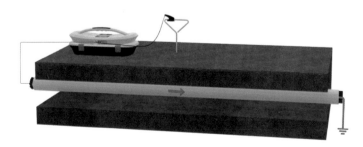

图 64　直连法接线示意图

75 〉 夹钳耦合法现场该如何接线？

利用夹钳将信号直接耦合到电缆上，如图 65 所示。在使用夹钳法接入信号时，发射机夹钳必须夹在电缆两个接地点之间。

图 65 夹钳耦合法接线示意图

当电缆线路较长时，可以选择将夹钳接在电缆护层接地箱内的同轴电缆上，如图 66 所示。此时信号是感应到金属护套上，前提是两边的金属护套应保持接地完好，以使信号有一个输出回路。

图 66 夹钳耦合法接地箱连接示意图

76 〉 音频感应法如何探测电缆埋设深度？

在电缆导体与地之间加入音频电流信号，将感应线圈放在被测电缆的正上方并垂直于地面,找出音谷点所对应的地面位置 A。将线圈垂直于电缆走向而与地面成 45°角,沿电缆向左或向右移动,找到音谷点对应的地面位置 B_1、B_2。电缆所在点为 C,此时三角形 ACB_1、三角形 ACB_2 为等腰直角三角形,故电缆深度 $AC = AB_1 = AB_2$,如图 67 所示。因此电缆埋设深度即为电缆路径正上方音谷点 A 与另外两个音谷点 B_1 或 B_2 之间的距离。

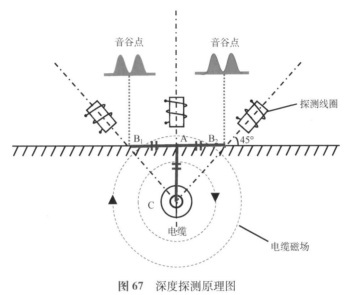

图 67 深度探测原理图

77 〉 探测电缆路径时,信号感应到了其他管线上该如何操作?

在探测电缆路径过程中,会出现施加的信号感应到其他金属管线上而无法准确判断电缆路径的情况。这种情况是由于发射机施加的信号通过公共接地点使信号分流或互感耦合到了其他金属管线上。

如果信号感应到了其他管线上时,可采用以下方法消除:

(1)调低发射机频率,选用低频;

(2)探测过程中注意观察接收机中电流大小的变化,从目标电缆上接收到的电流信号要大于邻近的其他管线;

(3)更换接地点,选择远离其他金属管线的接地点;

(4)更换信号施加点,尽可能地在其他管线相距较远的位置施加信号。

78 〉 音频感应法现场测试过程中有哪些注意事项?

音频感应法在现场测试过程中的注意事项如图 68 所示。

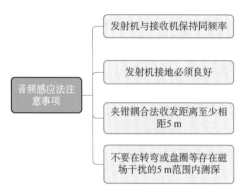

图 68　音频感应法的注意事项

79 〉 脉冲磁场法的基本原理是什么?

脉冲磁场法的基本原理是利用直流高压设备对电缆导体施加高压脉冲信号,使电缆周围产生脉冲磁场。利用接收线圈垂直于地面进行测量,当接收线圈从电缆线路一侧移动到另一侧时,由于穿过接收线圈的磁感线方向发生变化,测量到的脉冲磁场极性相反,由此可以判断电缆线路位置。

80 〉 脉冲磁场法的测试设备有哪些?

脉冲磁场法测试设备主要由高压脉冲发生器和探测设备组成,探测设备包括探测线圈、接收机、耳机等,如图 69 所示。

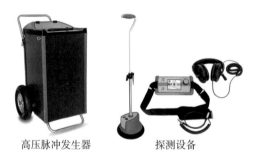

高压脉冲发生器　　　　　探测设备

图 69　脉冲磁场法测试设备

81 〉 现场如何利用脉冲磁场法进行路径探测?

现场测试时将高压脉冲信号接入电缆的一相线芯,将该相线芯的另一端接地。电缆周围磁场呈圆柱形分布,从信号接入端沿电缆轴向看过去为顺时针圆环,利用探测设备探测该磁场的大小和方向即可。

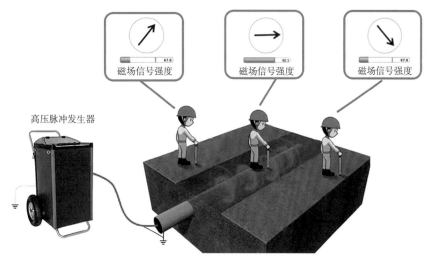

图 70　脉冲磁场法定点示意图

如图 70 所示,利用接收机垂直于地面进行测量;当接收机从电缆一侧移动到另一侧时,由于穿过接收机线圈的磁感线方向发生变化,测量到的脉冲磁场的初始极性相反,即由正变到负。当移动到电缆路径正上方时,接收机接收到的磁场信号强度最大,由此来确定电缆的路径走向。

第二节 · 高压电缆故障精确定点

82 > 为什么要精确定点?

由于大多数电缆敷设于地下,可能有预留、盘圈或者弯曲,与电缆线路图未必完全一致,以及电缆波传播速度存在差异,因此根据故障预定位结果只能定出电缆故障点的大体位置。为了减少开挖工作量,在测距之后,还必须进行精确定点。

83 > 电缆故障精确定点的常用方法有哪些,分别适用于哪些故障?

常见的故障精确定点方法有声测法、音频感应法、跨步电压法,其适用范围如图 71

所示。

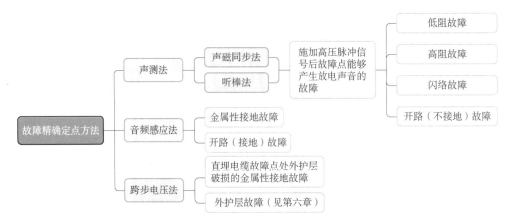

图71 电缆故障精确定点常用方法及适用范围

84 〉 **声测法的基本原理是什么**？

声测法是利用直流高压试验设备向电容器充电、储能，当电压达到一定数值时，球间隙击穿，电容器储存的能量向电缆故障点放电，对电缆施加高压脉冲信号，故障点间隙放电时会产生周期性的放电声。通过耳朵或者仪器接收故障点的声音可判断故障点的位置。

85 〉 **声测法对电缆施加高压脉冲信号时需要用到哪些设备**？

设备主要分为组合式和分体式两种，组合式设备如图 69 所示。

分体式设备包括调压器、变压器、高压硅堆、球间隙和电容器，如图 72 所示。

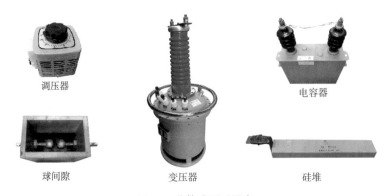

图72 分体式测试设备

　　组合式设备具备携带方便、接线简单的特点，能通过时间继电器手动设置自动周期性放电的时间间隔，但输出电压一般只能达到 30 kV 左右，对于高阻故障而言未必能使故障点完全击穿，尤其是闪络故障。分体式设备虽然数量多，接线复杂，但是输出电压能达到 60～70 kV，适用于绝大多数的高阻故障及闪络故障定点。

86 　声测法现场接线对于不同类型的电缆故障有何区别？

　　声测法主要用于测试短路(接地)故障、闪络故障和开路(不接地)故障。

　　(1) 测试短路(接地)故障。

　　短路(接地)故障包括低阻和高阻故障，对短路(接地)故障进行定点时，接线如图 73 所示。需要注意的是，图中的变压器是和高压硅堆集成一体的，而有些变压器并无高压硅堆，需要外接高压硅堆。现场测试时，声测法往往和故障预定位的脉冲电流法结合使用，见第四章第 52 问的内容。

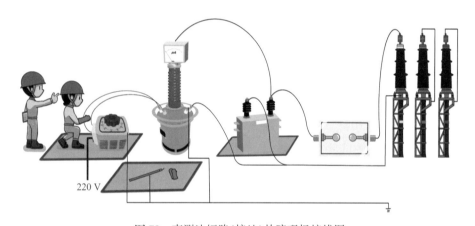

图 73　声测法短路(接地)故障现场接线图

　　(2) 测试闪络故障。

　　闪络故障声测时，不加球间隙(即直闪法)，如果击穿电压很高，可以不接电容器。

　　(3) 测试开路(不接地)故障。

　　对不接地的开路故障进行定点时，故障相电缆的对端需接地，以构成放电回路。此时，开路故障点在回路中相当于放电球间隙的作用。

87 　现场如何开展声测定点？

　　在现场开展声测定点工作，测试前要确认电缆线路两端与其他电气设备无连接。如图 74 所示，在测试过程中，线路沿线的听测人员要与测试端的升压人员保持信息畅通,准确控制升压设备的启停及放电时间间隔,从而提高故障定点的效率。

图 74　现场声测定点示意图

88 〉 声测定点时听不到放电声音该怎么办?

声测过程中可能会出现听不到放电声音的情况,此时可采取以下几种方法:

(1) 适当调大球间隙间距,延长放电时间间隔;

(2) 提高声测试验电压;

(3) 增加并联电容量。

以上三种方法也可用于脉冲电流法测距时波形比较乱的情况。

89 〉 声测定点时产生假放电的原因是什么?

声测定点时,不是真正的故障点放电称为假放电。假放电产生原因主要有两种,如图 75 所示。

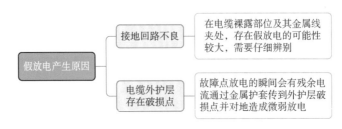

图 75　假放电产生原因

90 > 声测定点时如何辨别假放电？

辨别假放电的方法主要有两种，如图 76 所示。声测定点时要参考故障预定位的结果综合判断。

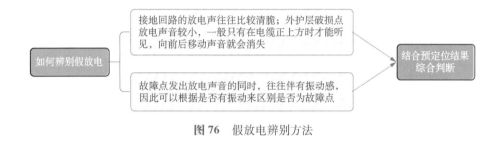

图 76　假放电辨别方法

91 > 声磁同步法与听棒法有何区别？

早期的声测法只能通过木制听棒来听测故障点的放电声音，从而确定故障点。随着电力电子技术的发展，出现了电子听棒。声磁同步法是由听棒法衍生发展来的一种方法，结合声音和磁场共同判断故障点的位置。因此，本书将声测法分为听棒法和声磁同步法。

在使用听棒法进行故障定点时，有时由于环境噪声干扰、故障点放电微弱等原因，会导致现场很难辨认出真正的故障点放电声，而声磁同步法则是通过精密传感器接收到故障点放电时产生的声音信号和磁场信号的时间差来进行精确定点，可以提高故障定点时的抗干扰能力。

92 > 如何利用声、磁信号的时间差来判定故障点位置？

磁场信号是电磁波，声音信号为声波。由于电磁波和声波在相同介质中传播的速度是不一样的，电磁波传播速度极快，一般从故障点传播到设备传感器所用时间可以忽略不计，而声波的传播速度相对较小，因此同一个放电脉冲产生的磁场信号和声音信号传到设备传感器时就会有一个时间差。

如图 77 所示，故障点放电的瞬间，接收器接收到磁场信号，此时开始计时，经过一段时间后得到一个声音信号（本来只能接收到背景噪声）。此时停止计时，记录下这段时间 Δt。距离故障点越近，Δt 越小。时间差 Δt 最小的点，就是故障点的位置。

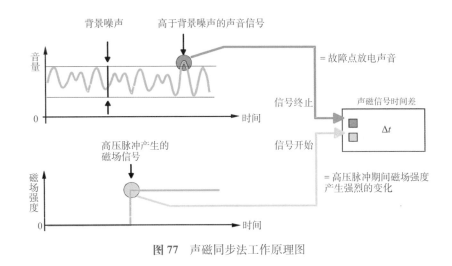

图77 声磁同步法工作原理图

93 〉 音频感应法定点的基本原理是什么？

音频感应法的基本原理是使用音频信号发生器向被测电缆输入特定频率的音频信号，电缆周围就会产生同频率的电磁波信号。使用接收机感应线圈沿电缆路径接收电磁信号，根据信号的强弱或声音大小确定故障点的位置。没有故障点时，电缆线路的音响曲线是一条平滑的直线，如图78所示。

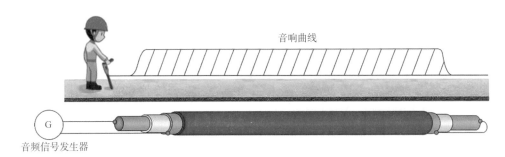

图78 音频感应法无故障点时的音响曲线

94 〉 音频感应法如何对电缆金属性接地故障进行定点？

使用音频感应法对金属性接地故障进行定点时，将音频信号加在故障相线芯与金属护套之间，对端需要将线芯和金属护套短接。测试端和故障点之间的电缆段会形成回路，形成稳定的信号，类似于使用音频感应法进行路径查找。当音频信号接收机经过故障点正上方时接收到的信号会突然增强，过了故障点后音频信号会明显减弱直至消失,如图 79 所示。

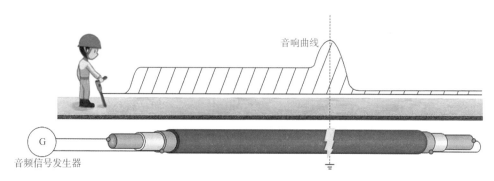

图 79　金属性接地故障测试示意图

　　注意,由于电缆周围磁场及环境的干扰以及电缆埋深等因素的影响,实际测试过程中在到达故障点之前接收机接收到的信号强度并不是稳定的一条直线,可能会存在波动。

95 〉 音频感应法如何对开路(接地)故障进行定点?

　　对高压单芯电缆而言,现场断线故障往往伴随着短路(接地)故障。与金属性接地故障定点相似,音频信号接收机在故障点正上方时接收到的信号会突然增强,但过了断线故障点后,接收装置的信号会急剧衰减并且消失,如图 80 所示。

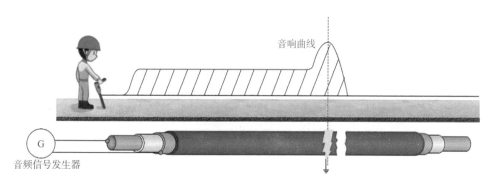

图 80　开路(接地)故障测试示意图

96 〉 影响音频感应法定点结果的因素有哪些?

　　使用音频感应法现场定点时,影响定点结果的干扰因素如图 81 所示。

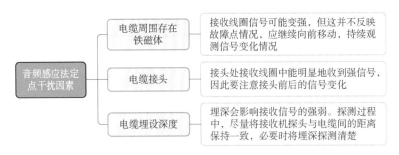

图 81　音频感应法定点干扰因素

97 > 跨步电压法定点的基本原理是什么？

在故障相的线芯或金属护套与大地间加入高压脉动信号，故障点处会有泄漏电流产生，地面上故障点周围会产生漏斗状电位分布。沿电缆路径用电位差计可测得信号的幅度和方向。在故障点前后，电位差计指针所指的方向相反，当电位差计刚好跨在故障点两侧，电位差计指示值几乎为零，即可确定电缆的故障点位置。

98 > 跨步电压法如何对直埋电缆金属性接地故障进行定点？

直埋电缆发生金属性接地故障时，使用跨步电压法进行故障定点，如图 82 所示。

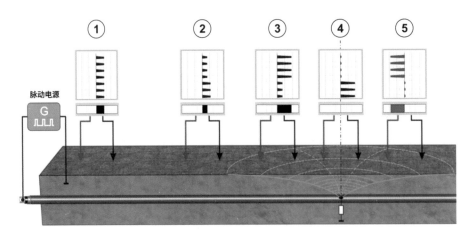

图 82　跨步电压法故障定点示意图

按以下具体步骤进行操作：

（1）在故障线芯与大地间施加脉动信号，电流通过故障点泄漏到大地中，流回电源侧。

（2）在靠近测试端的区域（图中位置①）先测量跨步电压，跨步电压测量值由于近端效应将变大，认准测试探针的正负次序和仪器指针的偏转方向，图中跨步电压偏转方向为朝向远端。

（3）在没有到达故障点之前，在信号发生器与故障点之间的区域，跨步电压测量值降低到最小（图中位置②）。

（4）继续向远端移动时，跨步电压数值继续增大（图中位置③），极性保持不变。当前面一只探针靠近真正的故障点正上方时，跨步电压数值达到最大，极性保持不变。

（5）如果真正的故障点恰好在两只探针中间时（图中位置④），跨步电压数值为零，即为故障点位置。

（6）如果越过了真正的故障点，则跨步电压的极性发生翻转（图中位置⑤）。

99 > 使用探针检测跨步电压时的注意事项有哪些？

使用跨步电压法进行故障定点，需要用到探针检测跨步电压，探针如图 83 所示。在检测时需要注意：

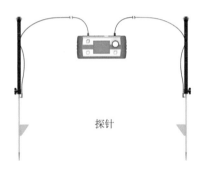

图 83　跨步电压法探针示意图

（1）两只探针之间的间距直接影响跨步电压的读数。如果增大了探针间距，测得的跨步电压也会随之变大。

（2）精确定点之前，建议将探针间距先放得大一些，使得发射机发出的脉动电流信号能尽可能直观、清晰地得到确认，甚至在距离故障点较远时，也能确认发射机发出的信号已正常工作。

（3）测试过程中保持两根探针前后的顺序一致，每隔几米测试一次，当接近故障点时，可以逐步缩小探针的间距。

100 > 影响跨步电压法定点精度的干扰因素有哪些？

使用跨步电压法进行现场故障定点时，会存在影响定点精度的干扰因素，如图 84 所示。

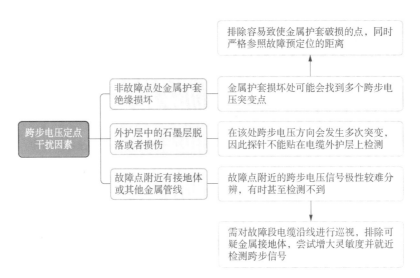

图 84 跨步电压法定点精度的干扰因素

第六章

高压电缆外护层故障测试定点

101 > **什么叫高压电缆外护层故障**？

　　高压电缆护层是覆盖在电缆绝缘层外面的保护层，它和导体、绝缘层统称为电缆的三大组成部分。典型的护层结构，包括金属护套和外护层。高压电缆外护层故障是指，高压电缆的外护层受损或老化，造成外护层破裂、绝缘损坏等故障。本书中，高压外护层故障测试定点是对高压电缆外护层绝缘（即金属护套的对地绝缘）损坏故障的测试定点。

102 > **外护层的作用是什么**？

　　外护层是包覆在电缆金属护套外面，保护电缆免受机械损伤和腐蚀或兼具其他特种作用的保护覆盖层。外护层的作用可以归纳为"三耐""五护"，如图 85 所示，保护绝缘层不受水分、潮气及其他有害物质侵入，承受敷设条件下的机械外力，使电缆不受机械损伤和各种环境因素影响，确保电缆绝缘的电气性能长期稳定。

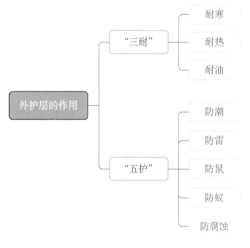

图 85　外护层的"三耐"与"五护"

103 > **为什么要测试高压电缆外护层故障**？

　　正常情况下，高压电缆金属护套只流过容性电流（几安培）。当外护层受外力或环境影响发生破损,出现多点低阻故障时,金属护套上的感应电流可以达到几十甚至几百安培,从而引起发热、升温,进而降低电缆载流量,久而久之则会引发主绝缘故障,危及电缆的运行安全。另外,金属护套长期暴露在环境中,会影响金属护套的寿命,最终也会危及主绝缘。因此,当发现外护层故障时,需要进行外护层故障测试定点,排除故障,修复外护层,如图86所示。

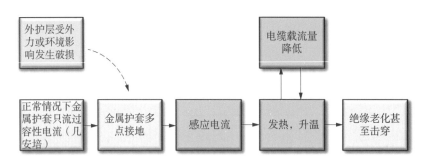

图86 外护层故障测试的原因

实际运维过程中还需注意,有些电缆外护层材料为PVC,其泄漏电流较大,使用小容量的兆欧表测量时,电压达不到标准;当使用容量较大的耐压设备做外护层试验时,仍然可以达到较高的电压,满足标准要求。电缆外护层绝缘故障排除后,环流依旧偏大时,可以采用环流抑制器等措施降低环流。

104 > 外护层故障引发主绝缘击穿的机理是什么?

外护层故障引起主绝缘击穿机理如图87所示。

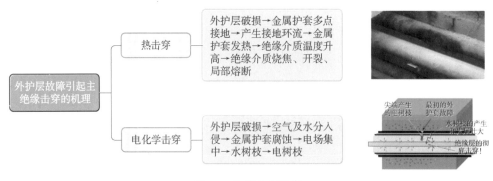

图87 绝缘击穿机理

105 > 单芯电缆金属护套有几种接地方式？

高压单芯电缆金属护套的接地方式一般根据电缆的长度来确定，主要有单端接地、两端接地和交叉互联三种接地方式，如图 88 所示。

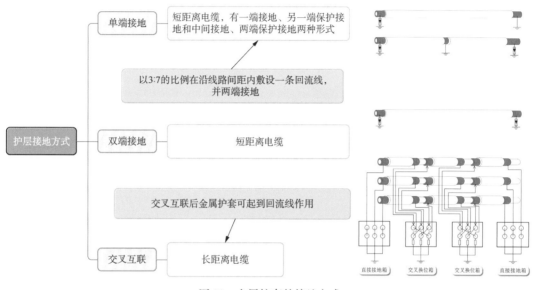

图 88 金属护套的接地方式

106 > 高压电缆外护层绝缘试验标准是什么？

高压电缆外护层的绝缘水平一般达几十兆欧。试验时，主要参照以下几个标准：《电气装置安装工程电气设备交接试验标准》（GB50150）、《电力设备预防性试验规程》（DL/T 596）。

（1）在交接试验中，要求金属护套对地应通过 10 kV/min 直流耐压试验，泄漏电流值没有明确规定。绝缘电阻测试采用 1 000 V 兆欧表，要求电缆外护层绝缘电阻与电缆长度乘积不低于 0.5 MΩ · km；

（2）预防性试验时，各地区标准有所差异。一般用 1 000 V 兆欧表测外护层绝缘电阻，超过 0.5 MΩ · km，且三相基本平衡，为合格。

107 > 如何判断高压电缆外护层故障？

（1）接地电流和负荷电流综合诊断。

运行电缆接地电流、负荷电流满足下面任何一项条件时,可初步判断该段电缆外护层绝缘存在缺陷:

1)接地电流绝对值>100 A;

2)接地电流与负荷比值>50%;

3)单相接地电流最大值/最小值>5。

(2)离线耐压或绝缘试验。

1)采用1 000 V兆欧表测量绝缘电阻,电阻与长度的乘积小于0.5 MΩ·km;

2)采用直流耐压设备或外护层故障定位电源做耐压试验,交接试验时试验电压10 kV,例行试验时试验电压5 kV,试验不合格。

108 〉 高压电缆外护层故障产生的原因有哪些?

引起高压电缆外护层故障的主要原因如图89所示。

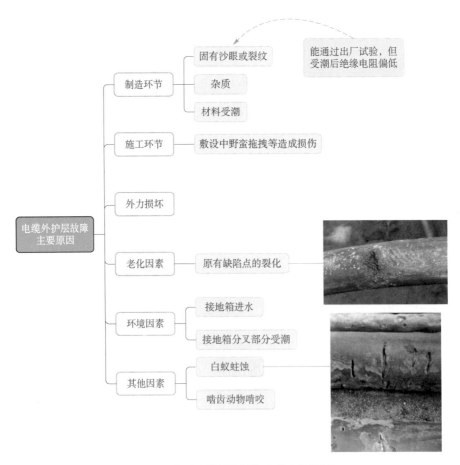

图89 高压电缆外护层故障的主要原因

109 > 高压电缆外护层故障测定流程是怎样的？

高压电缆外护层故障测定的流程主要为故障性质判断、预定位（粗测）、精确定点三步，具体如图 90 所示。

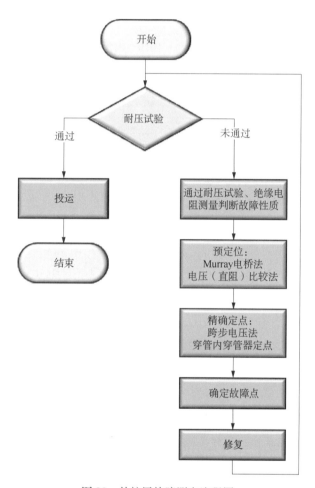

图 90 外护层故障测定流程图

110 > 高压电缆外护层故障预定位有什么方法？

高压电缆外护层故障预定位（粗测）可以采用电桥法或电压（电阻）比较法。两种方法的接线如图 91 所示。测试时，测试引线一般可接在交叉互联箱、保护接地箱或直接接地箱内的铜排上，也可接在终端尾管上的接地端；高压电缆未做终端时，可在剥开的金属护套上（注意刮掉邻近的半导电层）安装专用套环，套环上带有引线接口。

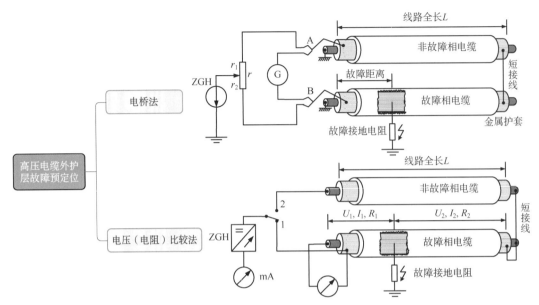

ZGH—高压直流源；r—比例臂电阻；G—检流计；
A—非故障相测试夹；B—故障相测试夹；LRSL—低阻短接线。

图 91 外护层故障预定位的方法

电桥法在第四章第一节做了详细介绍，在此不再赘述。电压(电阻)比较法通过手动或自动调节控制，分两步测量电缆测试端到故障点、故障点经电缆测试末端回到非故障电缆的测试端两种工况下的直流电压和直流电流，计算得到两组直流电阻，并通过处理单元自动计算、显示被测电缆的故障距离与全长的比例(或在设备中输入已知的电缆全长，设备自动计算并显示故障距离)。

当 $I_1 \neq I_2$ 时，为电阻比较法，故障点距离 L_x 为：

$$L_x = \frac{\dfrac{U_1}{I_1}}{\dfrac{U_1}{I_1} + \dfrac{U_2}{I_2}} \times 2L$$

当 $I_1 = I_2$ 时，为电压比较法，故障点距离 L_x 为：

$$L_x = \frac{U_1}{U_1 + U_2} \times 2L$$

电桥法或电压(电阻)比较法的优缺点对比见表 11。

表 11　电缆外护层故障预定位方法优缺点对比

测试方法	优点	缺点
电桥法	(1) 定位准确而快速,操作方便 (2) 设备体积小、质量轻 (3) 成本低	(1) 远端低阻短接线的电阻会影响测试结果 (2) 易受到邻近回路运行电缆或附近其他感应电压的干扰,不易平衡,甚至无法定位
电压(电阻)比较法	(1) 远端短接线的截面积不要求和被测电缆金属护套截面积相同 (2) 不受长度的影响 (3) 不受现场环境干扰的影响	设备价格较贵

111 > 高压电缆外护层故障精确定点有什么方法?

在获取有效的预定位数据后,需要进行精确定点。外护层故障的精确定点主要采用跨步电压法,有些场合也可使用温升法,见表 12。

表 12　外护层故障精确定点方法

类别	适用范围	原理简述
跨步电压法	直埋、槽盒、砖砌电缆沟敷设下的外护套故障	在故障电缆外护套的任一端施加脉动电压,另一端悬空,高压脉动电流从外护套故障点流入地下,在故障点一定范围内会形成跨步电压,用电位差计可测得信号的幅度和方向,从而实现精确定位
温升法	隧道敷设下的外护套故障	对电缆故障相施加几十毫安电流,令故障点发热,采用红外热像仪查找故障电缆表面温度高于其他区域的地方,则可确定电缆故障点

112 > 故障点在排管内的定点方法?

当故障点位于排管内时,不能直接使用跨步电压法进行精确定点,需要借助穿管器(通棒)配合测试,如图 92 所示。测试时,将外护层耐压试验设备与故障电缆的金属护套连接,外护层耐压试验电源输出连续 30～80 mA 的直流电。万用表黑表笔接地,红表笔接穿管器的头部。穿管器沿着电缆向内穿,当万用表电压数示最大值时,用色带在穿管器上做记号,穿管器伸入管内最深处的位置即是故障点的位置。

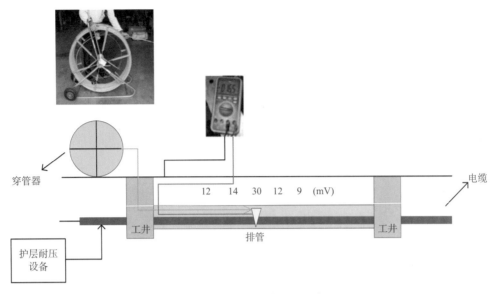

穿管器

电缆

12　14　30　12　9　(mV)

工井　　　　排管　　　　工井

护层耐压
设备

图 92　跨步电压法精确定点示意图

第七章

高压电缆故障测试定点新技术及新装备

第一节 · 宽频阻抗谱检测技术

113 > 频域反射法的原理是什么？

频域反射法的原理如图 93 所示。

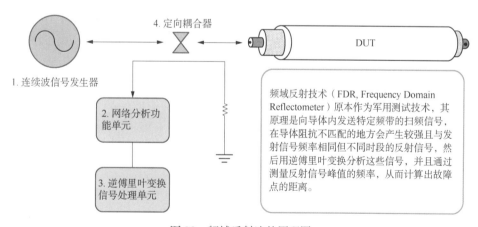

图 93 频域反射法的原理图

114 > 频域反射法在高压电缆上的应用有哪些？

目前，频域反射法在高压电缆领域的应用主要有高压电缆宽频阻抗谱检测仪和宽频介电阻抗谱测试仪,应用设备如图 94 所示。

（1）高压电缆宽频阻抗谱检测仪。

宽频阻抗谱检测系统会给定一个 5 V 的电压,扫频次数高达 20 000 次,将阻抗频谱（振幅和相位）作为宽频带（0.1～100 MHz）的应用信号函数来分析,对电缆细微变化的电气参数进行检测,对发生明显异常变化的缺陷点进行定位。

（2）宽频介电阻抗谱测试仪。

该测试仪通过与宽频阻抗的结合达到极宽的频率范围（20 Hz～120 MHz）,能灵敏地测量高分子材料常温环境、高低温环境下介电常数及损耗等参数,也可测量不同温度下超高阻及 TSDC 热激励电流等。

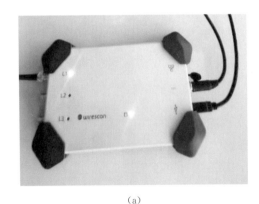

(a)   (b)

图 94　频域反射法的应用设备

(a) 高压电缆宽频阻抗谱检测仪；(b) 宽频介电阻抗谱测试仪

115 ＞ 脉冲宽度和测试盲区有什么关系？

脉冲宽度指脉冲高电平所持续的时间,测试盲区指脉冲注入波与反射波发生叠加的区域（如图 95 所示）。在功率大小恒定不变的情况下,脉冲宽度的幅值大小直接影响着能量的大小,脉冲越长,能量就越大。脉冲宽度的幅值大小也直接影响着测试盲区的大小。脉冲宽度越小,盲区越小；脉冲宽度越大,盲区越大。

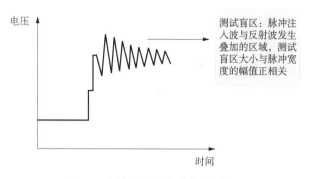

图 95　电缆线路故障时波形叠加图

116 > 时域反射法和频域反射法的区别是什么？

时域反射法（TDR）是向电缆中发射一个低电压信号，操作简单，但只能识别简单的短路故障和开路故障。频域反射法（FDR）是向电缆内注入一个扫频信号，定位精度较高，可以识别的故障类型多，但是对于注入的激励信号的频带要求比较高。频域反射法不单能判断短路和开路故障，还能够判断更多的线路故障类型。FDR 在线路承载业务相匹配的频带内进行测试，而 TDR 是一种 DC 直流测量方式。两种方法的技术指标对比见表 13。

表 13　FDR 与 TDR 的区别

技术指标	FDR	TDR
激励信号	RF 扫频信号	快速阶跃信号或冲击信号
传输线插入损耗的补偿	有	无
盲区问题	无	有
方向性	优	差（RF 频段）
距离分辨率	取决于扫频范围	取决于时基
测同轴线	可以	可以
测双绞线	需配特殊转换器	可以
测波导元件	可以	不可以
测驻波比	可以	不可以

117 〉什么是高压电缆宽频阻抗谱？

高压电缆宽频阻抗谱能反映电缆中绝缘介电常数的变化情况。如图 96 所示,高压电缆连接信号发生器(测试设备)与电缆形成完整回路,在回路传输过程中,电缆导线传输性能会因导线长度与电信号波长之比的不同而呈现不同的状态,从而高压电缆宽频阻抗谱呈现不同状态。高压电缆宽频阻抗谱检测一次,测试扫频次数高达 20 000 次,扫描带宽在 0.1～100 MHz 范围内调整以匹配特定的电缆长度。该检测方法必须在电缆停电状态下进行检测。

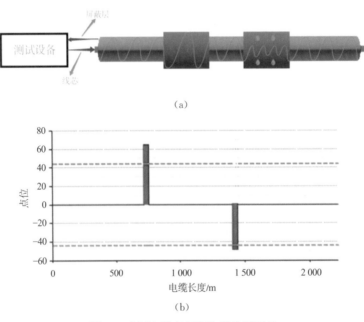

(a)

(b)

图 96 高压电缆宽频阻抗谱检测原理
(a) 测试回路示意图;(b) 宽频阻抗谱

118 〉高压电缆宽频阻抗谱检测的关键参数如何设置？

高压电缆宽频阻抗谱检测的关键参数主要有频率、带宽和斜率。测试时,对频率、带宽和斜率的设置可参见图 97。

119 〉高压宽频阻抗谱检测的现场如何布置？

高压电缆宽频阻抗谱检测时,现场布置如图 98 所示,具体的操作流程如图 99 所示。

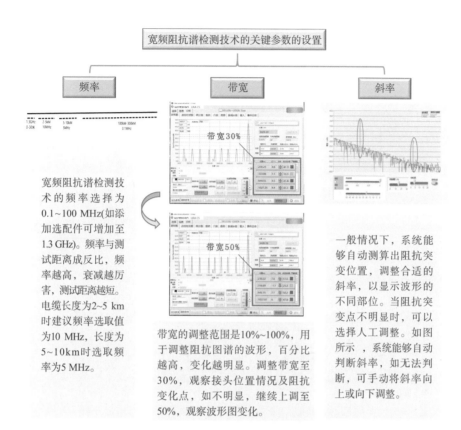

图 97　宽频阻抗谱检测技术的关键参数设置

宽频阻抗谱检测技术的关键参数的设置

频率　　带宽　　斜率

宽频阻抗谱检测技术的频率选择为0.1~100 MHz(如添加选配件可增加至1.3 GHz)。频率与测试距离成反比，频率越高，衰减越厉害，测试距离越短。电缆长度为2~5 km时建议频率选取值为10 MHz，长度为5~10km时选取频率为5 MHz。

带宽30%

带宽50%

带宽的调整范围是10%~100%，用于调整阻抗图谱的波形，百分比越高，变化越明显。调整带宽至30%，观察接头位置情况及阻抗变化点，如不明显，继续上调至50%，观察波形图变化。

一般情况下，系统能够自动测算出阻抗突变位置，调整合适的斜率，以显示波形的不同部位。当阻抗突变点不明显时，可以选择人工调整。如图所示，系统能够自动判断斜率，如无法判断，可手动将斜率向上或向下调整。

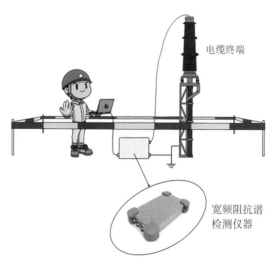

电缆终端

宽频阻抗谱检测仪器

图 98　高压宽频阻抗谱检测现场布置

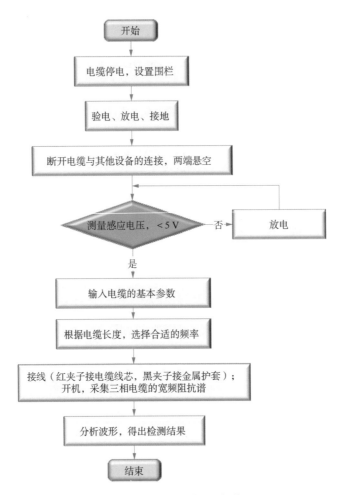

图 99   高压宽频阻抗谱检测操作流程

120 > 高压电缆宽频阻抗谱检测的波形分析要点有哪些？

使用高压电缆宽频阻抗谱检测仪采集完电缆的宽频阻抗谱数据后，如果相位和振幅图谱发生偏移，会影响波形和测试结果，不利于分析。此时，需要使用阻抗补偿和带宽调整对波形进行修正，如图 100 所示。带宽的调整是为了发现电缆在不同频率波段下的阻抗变化情况，通过调整带宽能够发现中间接头或者本体的不同阻抗变化。

121 > 宽频阻抗谱检测技术的应用场景有哪些？

宽频阻抗谱检测技术是一种无损检测技术，不会损坏电缆，可以发现电缆绝缘中的微弱缺陷引起的阻抗变化，分析电缆长度、接头位置、绝缘受潮、绝缘老化、局部放电等重要信息，是一种先进的故障探测和绝缘评估手段。其应用范围如图 101 所示。

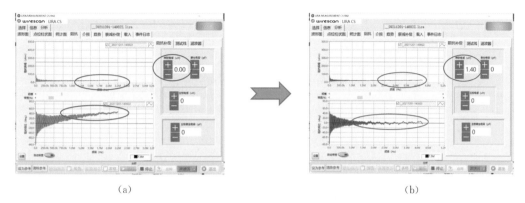

(a)　　　　　　　　　　　　　　(b)

图100 高压电缆宽频阻抗谱检测波形修正

(a) 带宽修正前的阻抗图;(b) 带宽修正后的阻抗图

图101 宽频阻抗谱检测技术的应用

第二节 · 电缆故障双端测距技术

122 > 双端测距技术的原理是什么?

双端测距技术是基于行波测距原理的新应用。在被监视线路发生故障时,故障产生的电压、电流行波会从故障点向两端传播。设故障发生时刻为 T_0,初始行波波头到达两侧终端的时间分别为 T_S 和 T_R,如图102所示。

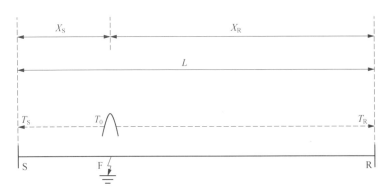

图 102 双端测距原理示意图

图中 L 为此线路的全长，v 为行波在此线路中的波速度（只与线路的绝缘介质材料有关），S 和 R 为两侧终端，T_S 为故障行波到达终端 S 的时间，T_R 为故障行波到达终端 R 的时间。故障距离可由下式来算出：

$$X_S = [(T_S - T_R) \cdot v + L]/2$$
$$X_R = [(T_R - T_S) \cdot v + L]/2$$

如图 103 所示的高压电缆试验在线测距装置可在对电缆做耐压试验的同时，采集故障击穿时的空间暂态行波电压信号，测量故障距离，可实现单端法和双端法的测距。

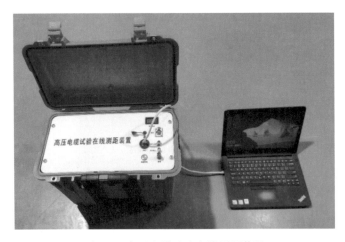

图 103 高压电缆试验在线测距装置

123 > 双端测距技术的优缺点有哪些？

对双端测距技术的优缺点进行归纳，如图 104 所示。

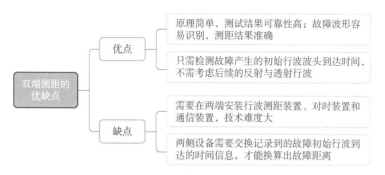

图 104 双端测距技术的优缺点

124 故障点无法击穿的高阻故障该如何处理？

常规电缆故障测试装置因输出电压比较低，且输出为直流高压或脉冲高压，导致有些高阻故障和闪络故障不能击穿。对于此类情况，可以使用交流耐压试验装置对电缆做耐压试验。若电缆某处发生故障，当电压达到一定程度后，电缆故障点被烧穿，此时，行波便会从故障点沿着电缆向两端传播。使用专用电场耦合传感器采集并记录下电缆故障点烧穿所产生的电压行波信号，即可计算出故障距离，完成电缆故障的定位。本书将此方法称为交流耐压烧穿法，在实际测试中，结合图 103 所示的在线测距装置可以实现单端或双端测距。

125 交流耐压烧穿法双端测距的现场如何布置？

交流耐压烧穿法双端测距的现场布置如图 105 所示，试验端的在线测距装置①布置在试验引线的正下方，并保持安全距离，另一端的在线测距装置通过贴片传感器采集信

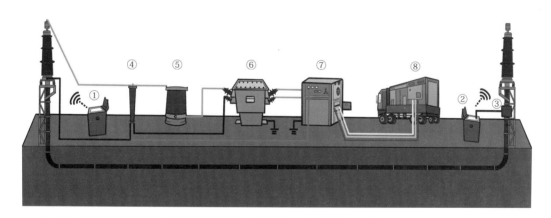

①、②—在线测距装置；③—贴片式传感器；④—分压器；⑤—电抗器；⑥—励磁变；⑦—变频柜；⑧—发电车。

图 105 交流耐压烧穿法双端测距的现场布置图

号。当只在试验端使用在线测距装置①时,可实现单端测距。

126 交流耐压烧穿法的故障波有什么特征?

交流耐压烧穿法使用的在线测距装置采用非接触式电场耦合传感器,采集的是电压行波信号,故障行波信号的反射、透射等符合电压行波的反射、透射系数。其故障波的特征如图 106 所示。

图 106　交流耐压烧穿法故障波特征

一条故障电缆的电压行波波形为一条电缆故障烧穿后,使用示波器记录的电场耦合传感器采集到的电压行波波形如图 107 所示。

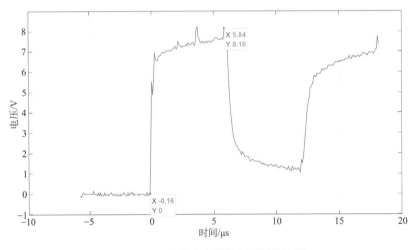

图 107　一条故障电缆的电压行波波形

127 交流耐压烧穿法的典型波形怎么识别?

双端测距技术可自动判断故障距离,无需人工识别波形。如需对单端测距波形识别,仍然依照周期性、相似性进行波形识别。双端测距装置为提高自动识别的精确度,对采集的信号进行了微分处理,使行波信号成为一个一个尖峰的脉冲形式,如图 108 所示。

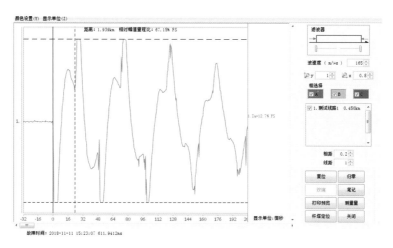

图 108 系统采集的故障行波

第三节 · 电缆分布式故障测寻技术

128 > 电缆分布式故障测寻技术如何分类?

电缆分布式故障测寻技术根据可实现的功能分为三类,如图 109 所示。

图 109 电缆分布式故障测寻技术的分类

129 > 电缆分布式故障测寻技术的应用现状如何?

目前,实际的电缆线路复杂,存在架空-电缆混合、多分支等情况,传统的电缆故障定位技术需要停电确认故障区间、测距、查找等步骤,消耗大量的人力物力,故障定位时间长、效率不高。电缆分布式故障测寻技术作为电缆本体在线监测装置的一种技术,在电缆架空混合线路、电缆多T接复杂分支线路上都能快速判断出非电缆线路故障,对于故障相电缆,可以实现故障点的快速精确定位,大幅提高一线运维人员的工作效率,减轻劳动强度。目前,电缆分布式故障测寻技术,已经在35~500 kV高压电缆线路实现全电压等级覆盖应用,在部分线路跳闸故障中展现出很强的实用性。

130 > 电缆分布式故障测寻技术现场实测应用是怎样的?

某110 kV线路,为同塔双回电缆-架空混合线路,线路有T接支线,同样为电缆-架空混合线路。该线路安装有故障定位装置,安装位置如图110所示。

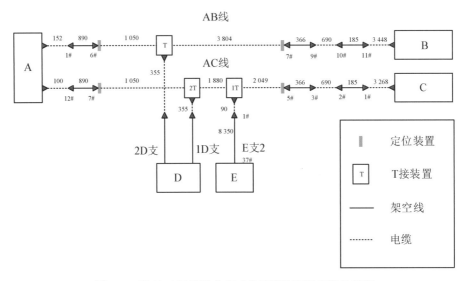

图110 某110 kV线路分布式故障定位装置安装示意图

2020年11月19日 11:15:30 116毫秒接收到告警信息,告警信息如下:

> **故障时间:**2020 - 11 - 19 11:15:30
> **故障相:**A相
> **故障类型:**单相接地
> **是否跳闸:**是
> **故障距离:**5♯杆塔大号侧2 043.69米-T接支线

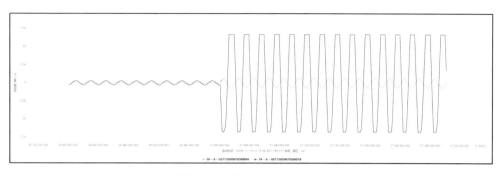

图 111　5♯杆塔与 7♯杆塔处 A 相工频故障电流波形对比

行波定位:

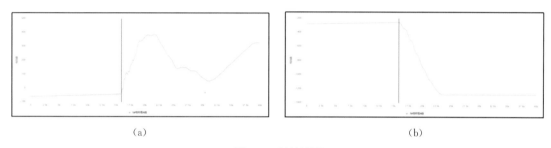

|(a)|(b)|

图 112　行波波形

(a) 5♯杆塔 A 相行波波形;(b) 7♯杆塔 A 相行波波形

如图 111、图 112 所示:

5♯杆塔 A 相设备触发时间为 2020 - 11 - 19 12:14:37 001.189.017,行波波头时间为 2020 - 11 - 19 12:14:37 001(ms).185(μs).800(ns)。

7♯杆塔 A 相设备触发时间为 2020 - 11 - 19 12:14:37 001.193.399,行波波头时间为 2020 - 11 - 19 12:14:37 001(ms).191(μs).020(ns)。

波头时间差:用 7♯杆塔 A 相设备行波波头时间减去 5♯杆塔设备相应数据得出波头时间差为 5 220 ns。

波速度验证:根据给定的线路长度,在线路分合闸、外部波形窜入等情况下,根据双端收到的信号进行波速度验证,得到波速度为 170.808 m/μs。

结论:经过计算,故障点在 5♯杆塔大号侧 2 043.69 米- T 接支线上。

131 ＞ 电缆分布式故障测寻技术的应用前景如何?

电缆分布式故障测寻技术未来主要的应用场景包括:分段较多的架空-电缆混合输电线路、电缆线路有 T 接分支的电缆线路、故障多发的老旧电缆线路、重要线路、长线路,以及 220 kV 及以上电压等级的电缆线路,如图 113 所示。

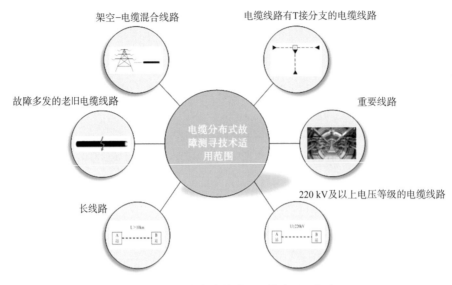

图 113 电缆分布式故障测寻技术适用场合

电缆分布式故障测寻技术,具备良好的实用性、安装便捷性且无需停电,但需进一步推动电缆分布式故障测寻技术的电网标准确立、系统接入标准化、数据处理标准确立。

第四节 · 电缆故障测寻车

132 > 什么是电缆故障测寻车?

电缆故障测寻车,其定义为用于装载、运输电力电缆故障测寻设备、仪器和工具,具备电力电缆故障测寻功能的专用车辆,即为电缆故障测寻的车载系统。系统主要实现电缆故障点的测寻功能并具有动作迅速、操作灵活、使用安全、性能稳定的特点。并非所有的电缆测试和故障定位设备都适合安装在承载车辆上,对于安全性、操控性、集成性、舒适性等方面,都需要翔实、稳妥的方案。

目前,国内外电力电缆故障测试车根据装载设备功能划分,可分为紧凑型、综合型、加强型、智能型,具体功能如图 114 所示。

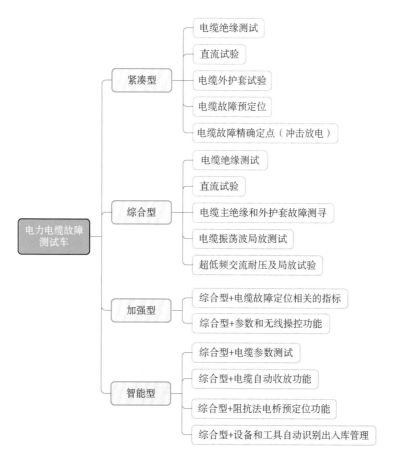

图114 电力电缆故障测试车的分类与功能

133 〉 电力电缆故障测试车有哪些应用意义？

电力电缆故障测试车的应用意义如图115所示。

134 〉 电力电缆故障测试车的应用情况如何？

电力电缆故障测试车从1969年就开始应用发展至今，其技术和功能都在不断更新，在全球范围内得到了广泛应用，如图116所示。

135 〉 电力电缆故障测试车的配置原则有哪些？

电力电缆故障测试车的配置原则主要有自动化程度高、功能方法多样、连续工作稳定性高、电容容量大等，具体如图117所示。

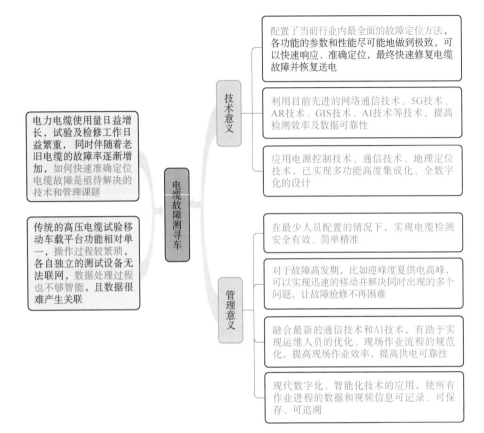

图 115　电力电缆故障测试车应用意义

1969

目前在国内外电缆故障领域处于技术领先地位的制造商是Megger，其第一辆电缆故障测试车最早出现于1969年，至今已有53年的研创历史，其测试车产品在全球范围内应用广泛。

2021

经过近些年的电网快速发展，国内许多城市的电力公司都已选择配备了电缆故障测试车作为其故障抢修的主要利器。据不完全统计，截至2021年底，国内配置且在用的电缆故障测试车数量有500余辆，不包含陆陆续续退运淘汰的。

德国总理访华时，就将德国Seba Dynatronic公司（现被Megger集团收购）生产的电缆故障测试车以国礼的方式赠送给中国，由周总理接收并转接给北京供电局使用，这是目前了解到的最早的电缆故障测试车系统在国内的应用，迄今已有47载。

新加坡、法国、德国、俄罗斯、西班牙等国家一直在选择电缆故障测试车作为故障定位的最主要手段，沙特阿拉伯曾多次大批量购置电缆故障测试车，最多一次是单次购置100辆，而俄罗斯铁道部曾一次性采购200辆电缆故障车，其之前的苏联电缆测试车的保有量更多。

1975

图 116　电力电缆故障测试车应用情况

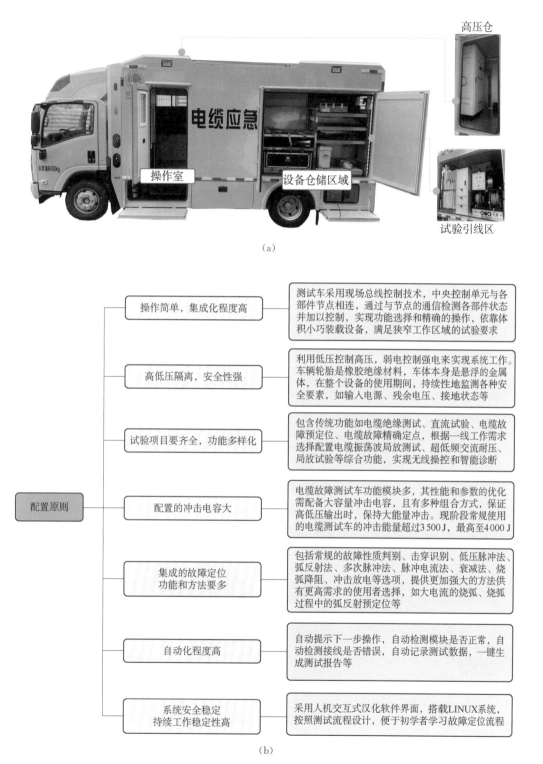

图 117 电力电缆故障测试车的配置
(a) 电力电缆故障测试车的功能配置;(b) 电力电缆故障测试车的配置原则

136 > 电力电缆故障测试车的技术要点、难点及发展的方向有哪些？

电力电缆故障测试车的技术要点如图 118 所示。

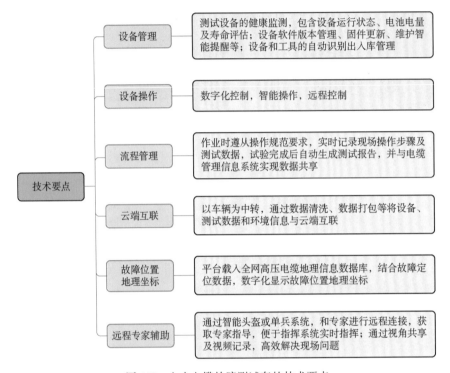

图 118　电力电缆故障测试车的技术要点

电力电缆故障测试车的技术难点如图 119 所示。

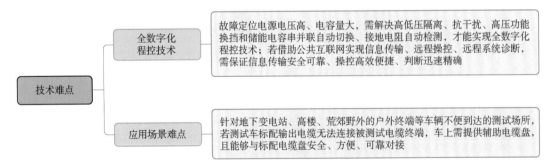

图 119　电力电缆故障测试车的技术难点

电力电缆故障测试车的发展方向如图 120 所示。

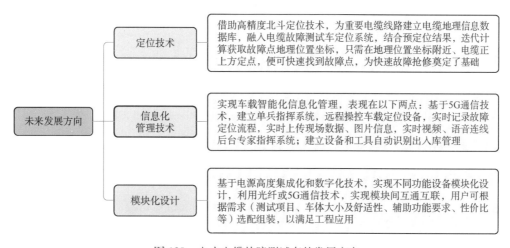

图 120　电力电缆故障测试车的发展方向

第八章

高压电缆故障测试定点现场安全

137 > 高压电缆故障测试定点现场安全"三阶段"是什么？

高压电缆故障测试定点的现场安全"三阶段"为准备阶段、试验阶段、结束阶段，具体内容如图 121 所示。

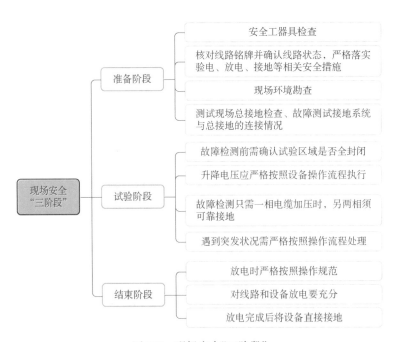

图 121 现场安全"三阶段"

138 〉 高压电缆故障测试定点安全工器具"十准备"指哪些？

高压电缆故障测试定点的安全工器具"十准备"是指安全围栏、安全带、绝缘手套、绝缘垫、绝缘靴、绝缘撑棒、验电笔、接地线、放电棒和水阻管的准备，如图122所示。

图 122 安全工器具"十准备"

139 〉 水阻管的绝缘性能有哪些要求，如何检测其绝缘性能？

（1）水电阻推荐使用不含杂质的蒸馏水，阻值根据所加直流电压而定，一般不小于 10 Ω/V，如直流电压加到 50 kV 时，水阻管的阻值至少应为 500 kΩ。

（2）可以用兆欧表来检测水阻管的绝缘电阻，如图123所示。测量时选用1 kV 挡位，接线接在水阻管的两端，如果阻值达到 10 Ω/V 即为绝缘性能合格，如果没有达到，需更换管内蒸馏水。

图 123 兆欧表测量水阻管阻值

140 > 高压电缆故障测试定点前现场怎样做到"四确认"?

高压电缆故障测试定点前应做到"四确认",具体内容如图 124 所示。

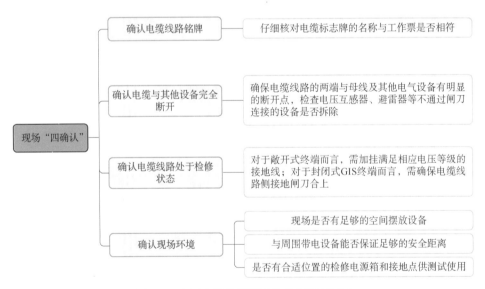

图 124 高压电缆故障测试前现场"四确认"

141 > 高压电缆故障测试定点的现场安全风险有哪些？

高压电缆故障测试定点的现场安全风险及预控措施见表 14。

表 14 高压电缆故障测试定点现场安全风险预控表

风险类别	危险点内容	预控措施
变电站内试验	认错电缆、走错间隔	提前查阅设备资料和图纸,开工前现场核对电缆线路名称
	站内照明不足、空间狭小致人员设备损伤	正确佩戴安全帽;确保站内照明充足,预留安全通道并装设安全围栏
触电	误碰邻近有电设备	作业点与有电部位保持安全距离,做好邻近有电设备的隔离措施,必要时派人监护
	感应电触电	做好验电、接地工作。在需要对一相电缆加压时,另两相电缆应可靠接地
	测试过程中人员触电	使用安全围栏将试验区域封闭并挂好标识牌,同时做好试验区域的监护工作
	放电时电弧伤人	放电时应使用合格的、相应电压等级的放电设备,人站在绝缘垫上,操作时戴好绝缘手套
	测试结束后剩余电荷伤人	测试结束后应放尽电缆及设备内的剩余电荷后将其可靠接地
有限空间作业	照明不足,空间狭小	确保照明充足,预留安全通道,设专人监护
	有毒有害气体	做好排风抽水工作,进入前用气体检测仪检测有毒有害气体含量是否达标
登高	人员坠落、工器具坠落	作业人员应正确佩戴安全帽,正确穿戴安全带和使用登高工器具,严禁高空抛物,高处作业应设专人监护
交通	人员、车辆进出繁忙地段	人员车辆进出繁忙地段需装设安全围栏并预留安全通道;工作区域应全封闭,交通复杂地段应有专人指挥交通

142 > 高压电缆现场故障测试定点过程中发生突发状况时应如何处理？

测试时尤其是加压过程中发生设备损坏或人员误入试验区域等突发状况时要沉着冷静,由于目前高压调压设备都会配备"急停"按钮(如图 125 所示),在紧急情况下第一时间按下该按钮,回调电压,迅速断开设备电源,立即对设备进行充分放电并直接接地,之后再去做其他处理,比如检测设备状况及接线情况等,如图 126 所示。

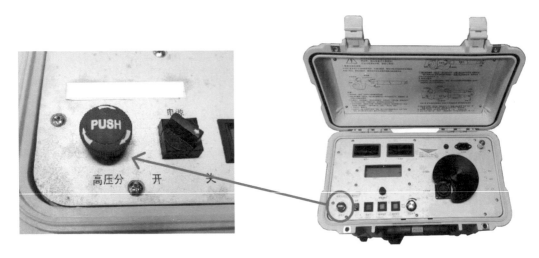

图 125 加压设备急停开关示意图

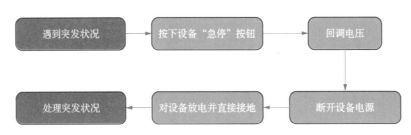

图 126 突发状况紧急处理流程图

143 > 使用传统分体式设备做电缆故障测试定点该如何放电?

使用传统分体式设备做电缆故障测试定点,应注意对设备及电缆进行充分放电。现场操作过程主要分为降压和放电两部分,具体操作过程如图 127 所示。

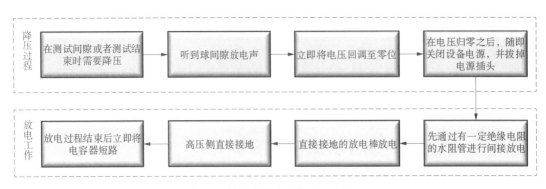

图 127 传统分体式设备放电全流程

（1）降压过程中在听到球间隙放电声后，即电容器释放完一次能量之后，需立即将电压回调至零位，这样可以使电容器中存储的能量尽可能小，保证后续人员放电的安全性并提高放电效率。在电压归零之后，随即关闭设备电源，并拔掉电源插头，再进行放电操作。

（2）放电时采用先间接再直接放电的形式，这样可以防止直接接地放电时产生振荡过电压引起设备损坏，先通过有一定绝缘电阻的水阻管进行间接放电，待放电不再有明显火花时，再用直接接地的放电棒放电，最后直接接地。放电时既要对高压引线放电（为了放掉试验电容中储存的电荷），也要对球间隙放电（为了放掉电缆中储存的电荷），如图128所示，放电过程结束后立即将电容器短路。

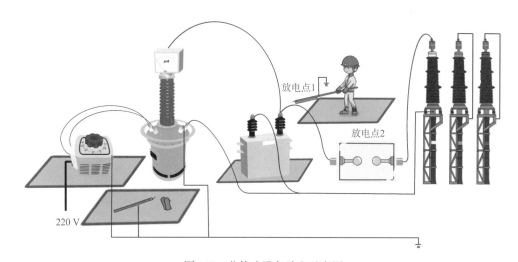

图 128　分体式设备放电示意图

144 〉 高压电缆故障测试定点，对接地有哪些要求？

（1）接地网有效接地系统的接地阻抗应满足以下要求：

$$Z \leqslant 2000/I$$

式中，Z 为最大接地阻抗，Ω；

I 为经接地装置流入地中的短路电流，A。

为了保证人身和测试设备的安全，在电缆故障检测过程中所采用的接地系统的接地阻抗不超过 $5\,\Omega$。

（2）高压电缆故障测试定点时所采用的接地线应由有透明护套的多股软铜线和专用线夹组成，其截面积不准小于 $25\,\text{mm}^2$，同时应满足接地点短路电流的要求；接地线应使用专用线夹固定在导体上，禁止用缠绕的方法进行接地。

（3）所有仪器设备外壳都应有可靠的接地，需分别与接地网连接，不可相互串联接地，避免与接地点接触不良造成地电位瞬时升高而损坏设备。

（4）工作接地与保护接地应分开；工作接地根据测试要求接到电缆护层接地点上，保护接地则接在工作现场可靠的接地点上，如图 129 所示。

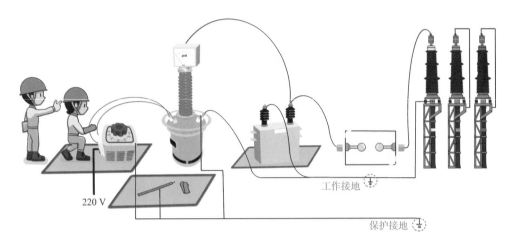

图 129　工作接地保护接地接线示意图

145 > 高压电缆故障测试定点现场的人身安全"十注意"是什么？

高压电缆故障测试定点的现场人身安全"十注意"的内容如图 130 所示。

图 130　人身安全"十注意"

146 > 高压电缆故障测试定点现场的试验设备安全"十注意"是什么？

高压电缆故障测试定点现场的试验设备安全"十注意"的内容如图 131 所示。

图 131　设备安全"十注意"

第二篇

应用案例

110 kV 电缆低阻接地运行故障

故障信息

接调度信息：某 110 kV 电缆运行中跳闸，为纯电缆线路，故障相位为 C 相，故障测距为距变电站甲[①] 26.3 km 处，故障电流为 23.305 A[②]，I 段保护动作。

线路概况[③]

线路概况见表 15。

表 15   线路概况

电压等级	110 kV	敷设方式	排管＋顶管[④]
全长	11511 m	截面积	1000 mm²
终端甲类型	GIS 终端	终端乙类型	GIS 终端
交叉互联箱	16 个	直接接地箱	7 个

故障性质判别

（1）本次故障定位试验端为终端乙。

（2）使用兆欧表 10 kV 挡测量该电缆绝缘电阻，数值见表 16。

（3）该电缆 A、C 两相绝缘电阻小于 10 kΩ，判断 A 相、C 相电缆故障性质为低阻接

---

① 变电站甲指电缆线路送电侧变电站。

② 此故障电流为二次侧的电流，所以较小。

③ 电缆耐压故障发生后，测试人员应查找台账资料获取电缆线路各项基本信息以及各换位箱之间每段电缆具体长度，为电缆故障测寻做好资料准备。

④ 电缆通道为排管时的敷设方式可分为开挖式和非开挖式，由于非开挖式电缆路径变化较多，故障测寻难度较大，因此本书将非开挖式排管敷设标记为顶管，传统开挖式排管敷设标记为排管，加以区分。

地故障。

表 16　故障停电后某 110 kV 电缆绝缘电阻①

A 相	B 相	C 相
<10 kΩ	2.46 GΩ	<10 kΩ

故障预定位

（1）采用低压脉冲法和脉冲电流法分别对电缆故障点预定位，所测波形如图 132、图 133 所示。

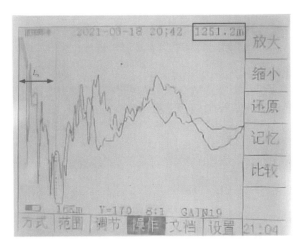

图 132　低压脉冲法测试波形

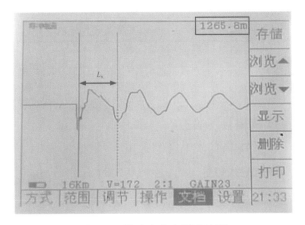

图 133　脉冲电流法测试波形

---

① 目前，电子兆欧表不显示低于 10 kΩ 的绝缘电阻值。A 相、C 相检测结果小于 10 kΩ，应使用高阻计继续测量其具体绝缘电阻值。本案例由于高阻计试验数据记录缺失，未对 A 相、C 相具体绝缘电阻值标注。

由图 132 可知，低压脉冲法测试波形明显行波反射点距离约为 1251.2 m。

由图 133 可知，脉冲电流法测试波形明显行波反射点距离约为 1265.8 m。

（2）经电缆故障预定位[①]，综合电缆线路接头位置分布如图 134 所示，故障点初测在 21 号绝缘接头与 22 号绝缘接头之间。

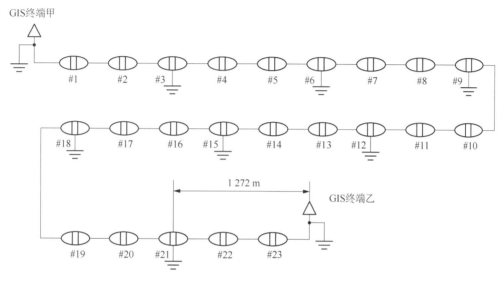

图 134　电缆线路接头位置分布图

故障精确定点

（1）通过声测法精确定点，测试人员首先前往 21 号绝缘接头、22 号绝缘接头进行听测，22 号绝缘接头处听到微弱的放电特征声音，21 号绝缘接头处无声音。

（2）测试人员前往 23 号绝缘接头处听到微弱的放电特征声音。

（3）测试人员沿路径再次进行听测，最终确定故障点位于 22 号绝缘接头和 23 号绝缘接头之间的沿线排管中[②]。

测试结果

故障点位于 22 号绝缘接头和 23 号绝缘接头之间的沿线排管中，更换该段电缆后送电，恢复正常运行。

---

① 本次采用的低压脉冲法和脉冲电流法虽然受到接地回路及周围环境等客观因素的影响，但还是为故障定点提供了重要的参考依据。

② 对于敷设于排管内的电缆本体故障，很难在地面听到故障点放电声，可根据邻近工井处的声音强弱确定故障点方向。

经验体会

本次故障线路距离较长,全线采用了开挖与非开挖排管敷设,电缆故障声测定点受环境影响较大,人、车走动会对声测造成影响;且本次故障点不在接头位置,而是在沿线排管当中,这也给本次故障定位带来了挑战。

110 kV 电缆高阻接地运行故障

故障信息

接调度信息:某 110 kV 电缆线路,开关跳闸,B 相故障,开关自切成功,无负荷损失,未造成社会影响和用户停电。故障测距无,故障电流为 6 kA。

线路概况

线路概况见表 17。

表 17　线路概况

电压等级	110 kV	敷设方式	排管＋顶管
全长	2739.3 m	截面积	630 mm²
终端甲类型	GIS 终端	终端乙类型	GIS 终端
交叉互联箱	6 个	直接接地箱	2 个

故障性质判别

(1) 本次故障定位试验端为终端乙。

(2) 使用兆欧表测量该电缆 C 相绝缘电阻为 2 MΩ。

(3) 该故障电缆对地击穿,绝缘电阻值大于 100 kΩ,且残压小于 30 kV,判断故障性质为高阻接地故障。

故障预定位

(1) 首先采用电缆故障定位智能数字电桥对电缆故障点预定位,电流加至 91 mA,

测得故障距离为 809.3 m,经电缆台账查询,该点在 6 号绝缘接头与 7 号绝缘接头之间。

(2) 使用宽频阻抗谱检测仪[①]对电缆故障点预定位,结合电缆台账数据,测试结果如图 135 所示。

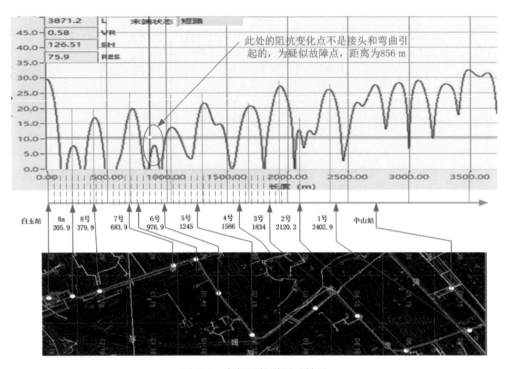

图 135　宽频阻抗谱测试结果

由图 135 可知,图中标记的阻抗变化点为疑似故障点,距离试验端 856 m,在 6 号绝缘接头与 7 号绝缘接头之间。

(3) 经电缆故障预定位,故障点初测可能在 6 号绝缘接头与 7 号绝缘接头之间,如图 136 所示。

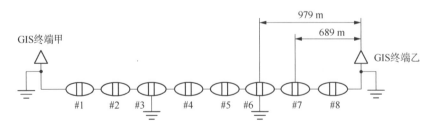

图 136　电缆线路接头位置分布图

---

① 宽频阻抗谱检测技术属于新技术之一,详见第七章第一节。

故障精确定点

（1）通过声测法精确定点，测试人员首先前往 6 号绝缘接头、7 号绝缘接头进行听测，均仅有微弱放电声，因此判断故障点可能位于两绝缘接头之间排管内。

（2）测试人员沿路径再次进行听测，最终确定故障点位于 6 号绝缘接头和 7 号绝缘接头之间的沿线排管中[①]。

测试结果

故障点位于 6 号绝缘接头和 7 号绝缘接头之间的沿线排管中，距离试验端 849 m，故障点如图 137 所示。

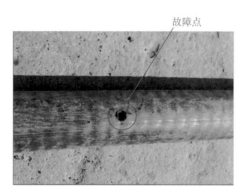

图 137 故障点解剖图

经验体会

一般封闭性故障多发生在接头位置，本次测试的故障为典型的疑难本体封闭性故障，放电声音弱，封闭在本体内部，加上敷设深度较深，导致不易听到放电声音。

---

① 电缆拉出后测得故障点距试验端约 849 m，故障点在排管内，且附近有道路施工，这也可能是实际路面定点仪声音不明显的原因。

案例三

110 kV 电缆高阻接地运行故障

故障信息

接调度信息:某110 kV 电缆纵差保护动作,故障电流接近6000 A,A相故障,录波仪数据距变电站甲 0.6 km 左右。

线路概况

线路概况见表18。

表 18 线路概况

电压等级	110 kV	敷设方式	排管+顶管
全长	1975 m	截面积	800 mm²
终端甲类型	套管终端①	终端乙类型	GIS终端
交叉互联箱	4个	直接接地箱	1个

故障性质判别

(1) 本次故障定位试验端为终端甲。

(2) 使用兆欧表10 kV 挡测量该电缆绝缘电阻,数值见表19。

表 19 故障停电后某 110 kV 电缆绝缘电阻

A相	B相	C相
12.03 GΩ	35.1 GΩ	11.19 GΩ

---

① 此处指户内敞开式终端。

（3）对 A 相电缆进行证明性试验——交流耐压试验①。A 相电缆加压至 7.5 kV 放电保护动作，耐压后绝缘电阻为 50 MΩ。

（4）该故障电缆对地击穿，绝缘电阻值大于 100 kΩ，且残压小于 30 kV，判断故障性质为高阻接地故障。

故障预定位

（1）直流烧穿降低故障电缆绝缘电阻。

（2）采用脉冲电流法对电缆故障点预定位，测试波形如图 138 所示②。

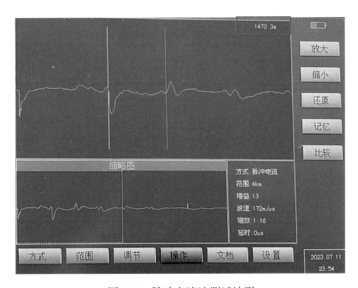

图 138　脉冲电流法测试波形

由图 138 可知，该测试波形明显行波反射点距离约为 1472 m③，经电缆台账查询，该点在 4 号绝缘接头与 5 号绝缘接头之间，如图 139 所示。

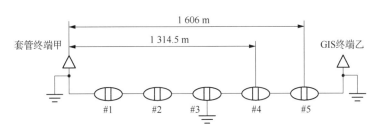

图 139　电缆线路接头位置分布图

---

① 兆欧表对故障电缆绝缘测试无异常，无法说明电缆绝缘完好，需进行交流耐压试验证明性试验。

② 本案例测得的脉冲电流波形是典型的故障点未击穿的脉冲电流波形，其波形特征参见第四章第 59 问。

③ 现场测试人员根据图 138 判断电缆故障距离为 1472 m，但对本案例复盘总结时发现：该波形为典型的故障点未击穿波形，后续故障精确定点位置恰好与该波形显示距离相近。

（3）经电缆故障预定位，故障点初测可能在 4 号绝缘接头与 5 号绝缘接头之间。

故障精确定点

（1）通过声测法精确定点，测试人员前往 4 号绝缘接头与 5 号绝缘接头工作井将水排空，皆可听到放电特征声音。

（2）测试人员沿路径继续进行听测，最终确定故障点位于 4 号绝缘接头和 5 号绝缘接头之间的沿线排管中。

测试结果

故障点距离试验端终端甲 1351.4 m，故障点如图 140、图 141[①] 所示。

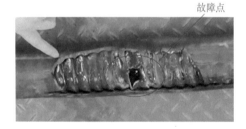

图 140　故障点解剖图 1

图 141　故障点解剖图 2

经验体会

（1）当电缆发生故障后，击穿点呈现开阔的空洞状时，10 kV 兆欧表不能完全排除故障，需要进行交流耐压试验证明性试验。

（2）积极探索声测工艺革新，采用新技术声测设备与传统听棒声测相结合的方法，故障测寻更加高效、精确。

---

① 故障点击穿通道敞开，相对规则，呈喇叭状，外大内小。

110kV 电缆高阻接地运行故障

故障信息

接调度信息:某 110kV 电缆,开关跳闸,纵差保护动作,故障相位为 C 相,故障电流 6kA。

线路概况

线路概况见表 20。

表 20　线路概况

电压等级	110kV	敷设方式	排管
全长	3815.9m	截面积	$1000\,mm^2$
终端甲类型	GIS 终端	终端乙类型	GIS 终端
交叉互联箱	8 个	直接接地箱	3 个

故障性质判别

(1) 本次故障定位试验端首先设置在终端乙。

(2) 使用兆欧表测量该电缆绝缘电阻为 50MΩ。

(3) 该故障电缆对地击穿,绝缘电阻值大于 100kΩ,且残压小于 30kV,判断故障性质为高阻接地故障。

故障预定位

(1) 采用低压脉冲法测试电缆全长,测试波形如图 142 所示,测得全长约为 4012m,

与台账相近。

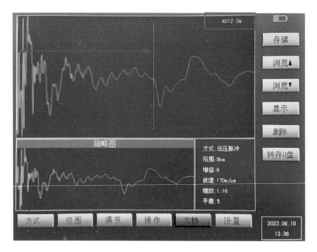

图 142　低压脉冲法测试波形

（2）采用脉冲电流法对电缆故障点预定位，但未获得有效波形，同时，在终端甲负责看护的测试人员听到站内接地点有疑似放电声音，经过查看，确认为接地回路放电，故障点可能在终端甲附近，测试人员决定更换试验端。

（3）故障定位试验端更换为终端甲。

（4）采用脉冲电流法对电缆故障点预定位，测试波形如图 143[①] 所示。

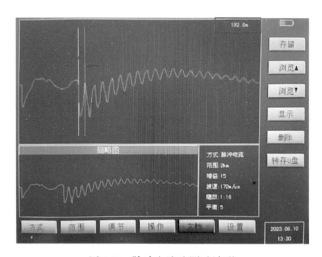

图 143　脉冲电流法测试波形

由图 143 可知，该测试波形明显行波反射点距离约为 192.6m，该点在终端甲与 1 号绝缘接头之间，如图 144 所示。

---

① 本案例测得的脉冲电流波形是典型的近距离故障脉冲电流波形，其波形特征参见第四章第 61 问。

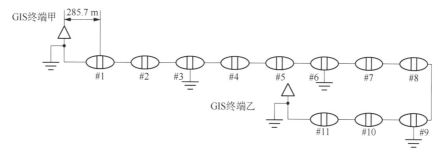

图 144　电缆线路接头位置分布图

（5）经电缆故障预定位，故障点初测可能在终端甲与 1 号绝缘接头之间。

故障精确定点

通过声测法精确定点，测试人员由终端甲向 1 号绝缘接头沿路径进行听测，最终确定故障点位于变电站出站排管电缆本体上（终端甲至 1 号接头电缆段）。

测试结果

故障点位于终端甲至 1 号绝缘接头的沿线排管中，距终端甲约 190 m 处，故障点如图 145、图 146 所示[①]。

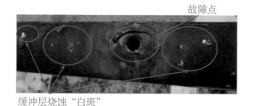

图 145　故障点解剖图

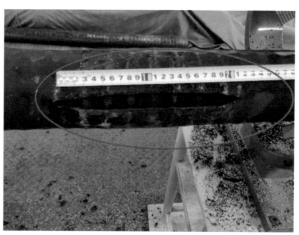

图 146　故障击穿点背面图

经验体会

（1）做好源头管控，避免增量产生。在新建工程技术协议中对电缆缓冲层结构、电

---

① 故障点附近绝缘屏蔽上出现较多"白斑"，部分"白斑"可以从绝缘屏蔽上擦除，部分烧蚀较为严重的"白斑"已经内嵌并严重损伤绝缘屏蔽。

阻率、含水率等关键参数进行针对性要求。加强工程现场取样抽检,避免不合格电缆产品投入运行。应用电缆缓冲层现场快检装置,利用接头制作废缆在工程现场对新放电缆缓冲层性能进行快速检测和评价。

（2）加强状态管控,探索检测手段。对在运缓冲层烧蚀家族性缺陷电缆安装分布式故障定位装置,缩短故障抢修时间。试点开展 X 射线、宽频阻抗谱测试仪、EMI 电磁检测等状态检测,探索有效的状态检测评估手段。

案例五

110 kV 电缆高阻接地运行故障

故障信息

接调度信息:某 110 kV 电缆,开关跳闸,纵差保护动作,故障相位为 C 相,故障电流 9000 A。

线路概况

线路概况见表 21。

表 21　线路概况

电压等级	110 kV	敷设方式	排管
全长	873.9 m	截面积	630 mm²
终端甲类型	GIS 终端	终端乙类型	GIS 终端
交叉互联箱	2 个	接地箱	1 个

故障性质判别

(1) 本次故障定位试验端首先设置在终端甲[①]。

(2) 使用兆欧表测量该电缆绝缘电阻为 200 kΩ。

(3) 该故障电缆对地击穿,绝缘电阻值大于 100 kΩ,且残压小于 30 kV,判断故障性质为高阻接地故障。

故障预定位

(1) 采用脉冲电流法对电缆故障点预定位测试波形如图 147[②] 所示。

---

① 本线路终端甲所在变电站为地下变电站。

② 本案例测得的脉冲电流波形是典型的远端反射击穿的脉冲电流波形,其波形特征参见第四章第 62 问。

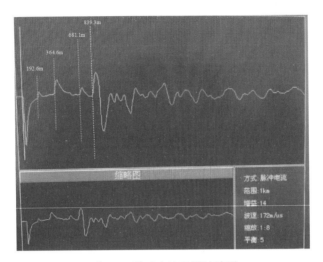

图 147　脉冲电流法测试波形

由图 147 结合电缆接头分布图 148 可知,该测试波形阻抗不匹配点与电缆各接头、终端距离相近,无其他异常不匹配点[①],此波形很难判断故障距离。

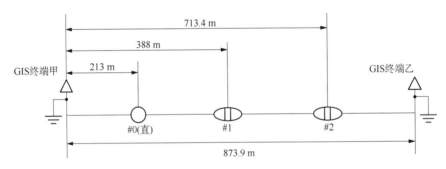

图 148　电缆线路接头位置分布图

(2) 在终端乙负责看护的测试人员听到站内接地点有疑似放电声音,故障点可能在终端乙附近。

(3) 结合脉冲电流波形,故障点在终端乙附近的可能性大。

故障精确定点

(1) 通过声磁同步法结合声测法精确定点,测试人员由终端乙向 2 号绝缘接头沿路径通过声磁同步法的指示并逐个对工作井进行听测排查[②]。

(2) 测试人员在出站后的第一个工井处听到微弱放电特征声音,工作井排水后,放

---

① 出现该情况,应继续提高试验电压、增大电容量,继续烧穿降低绝缘电阻,但由于终端甲 GIS 内导电杆等未拆除,不能承受过高电压,因此未进行进一步的故障预定位。

② 对于电缆本体故障,精确定点采用声磁同步法初步判断,再结合听棒进行复测,准确性较高。

电特征声音较明显。最终确定故障点位于 2 号绝缘接头和终端乙之间的沿线排管中。

测试结果

故障点位于距离终端乙约 70 m、距离终端甲约 800 m 处,故障点如图 149 所示。

故障点

图 149 故障点解剖图

经验体会

(1) 对于终端位于地下变电站的电缆故障定位,推荐使用组装一体式声测设备,避免使用长距离试验引线。

(2) 现场条件允许的情况下,尽量将故障电缆两端与相关变电设备断开连接,这样可以提高试验电压、增大声测电容量,便于准确进行故障预定位。

110 kV 电缆闪络（高阻）耐压故障

故障信息

某 110 kV 电缆进行投运前的交接试验——128 kV($2U_0$)，持续 60 min 交流耐压试验。耐压试验前，该电缆绝缘电阻见表 22。A、B 两相电缆交流耐压试验合格，C 相电缆加压至 90 kV 放电保护动作，发生耐压故障。

表 22　耐压试验前某 110 kV 电缆绝缘电阻

A 相	B 相	C 相
103 GΩ	110 GΩ	106 GΩ

线路概况

线路概况见表 23。

表 23　线路概况

电压等级	110 kV	敷设方式	排管＋顶管
全长	2787 m	截面积	(800＋1000) mm²
终端甲类型	GIS 终端	终端乙类型	GIS 终端
交叉互联箱	4 个	直接接地箱	1 个

故障性质判别

（1）本次故障定位试验端为终端甲。

(2) 对该电缆 C 相多次进行交流耐压试验,击穿电压见表 24[①]。

表 24 故障电缆 C 相交流耐压试验击穿电压

交流升压	故障当天		故障两周后		
	第一次	多次升压后	第一次	第二次	第三次
击穿电压	90 kV	40 kV	60 kV	45 kV	35 kV

(3) 该故障电缆对地击穿,绝缘电阻值较高,且首次击穿残压高于 50 kV,判断故障性质为闪络(高阻)故障。

故障预定位

(1) 首先利用低压脉冲法测试电缆全长并校验波速度,测试波形如图 150、图 151 所示。

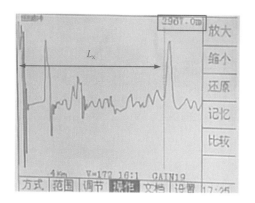

图 150 低压脉冲法测电缆线路全长

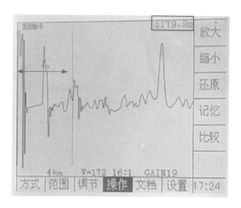

图 151 低压脉冲法测换位箱

由图 150 可知,在 172 m/μs 的波速度下,电缆全长为 2967 m,与图纸资料基本相符。

由图 151 可知,标记的明显行波反射点为第二个换位箱的位置,与图纸资料相符。

因此判断该电缆波速度约为 172 m/μs。

(2) 采用基于行波原理的双端高压电缆故障定位技术[②]对电缆故障点预定位,所测波形如图 152 所示。

由图 152 可知,该测试波形明显行波反射点距离约为 1.178 km,经电缆台账查询,该点位于 2 号绝缘接头附近,如图 153 所示。

故障精确定点

(1) 通过声测法精确定点,测试人员前往 2 号绝缘接头进行听测,听到故障点放电

---

① 兆欧表无法判断电缆绝缘好坏时,应进行交流耐压试验证明性试验以确定电缆绝缘情况。若耐压击穿,可结合击穿残压判别电缆故障性质。

② 基于行波原理的双端高压电缆故障定位技术属于新技术之一,详见第七章第二节。

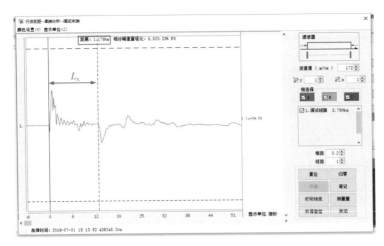

图 152 双端高压电缆故障定位技术测试波形

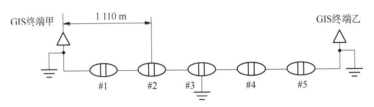

图 153 电缆线路接头位置分布图

特征声音。

(2) 测试人员前往与之相邻的 3 号和 4 号绝缘接头听测,均未听到明显的振动声,因此判断故障点位于 2 号绝缘接头处。

测试结果

故障点位于 2 号绝缘接头,更换该段电缆及绝缘接头后送电,恢复正常运行。

经验体会

(1) 交流耐压试验中发生电缆绝缘接头击穿时,大多存在以下两种情况:

1) 电缆故障,接地电阻很高。这类电缆故障,其击穿电压往往高于 32 kV,一般高压信号发生装置很难将故障点击穿放电,盲目地提高试验电压,不但会增加设备重量(体积),而且存在过高的冲击电压损伤电缆其他薄弱点的风险。

2) 交流耐压情况下的电缆故障,在一定试验电压下可呈现闪络性击穿。这种情况下,如利用反复地施加试验电压来降低绝缘电阻,成效不明显,且耗时较长。

(2) 耐压故障表现为闪络(高阻)故障特性时,可结合交流耐压试验作业,采用非接触式传感器,采集电缆故障信息,缩短故障测试流程及时间,以便快速寻找故障点。

220 kV 电缆闪络（高阻）耐压故障

故障信息

某 220 kV 电缆进行投运前的交接试验——216 kV（1.7U_0），持续 60 min 交流耐压试验。A 相电缆交流耐压试验合格；B 相电缆加压至 192.6 kV 放电保护动作，终端传出"嘭"的疑似放电声；C 相电缆加压至 185.2 kV 放电保护动作，终端传出"嘭"的疑似放电声；B 相、C 相电缆发生耐压故障。

线路概况

线路概况见表 25。

表 25　线路概况

电压等级	220 kV	敷设方式	排管＋顶管＋电缆沟
全长	1694 m	截面积	630 mm^2
终端甲类型	GIS 终端	终端乙类型	套管终端①
交叉互联箱	2 个	直接接地箱	0 个

故障性质判别

（1）本次故障定位试验端为终端乙。

（2）使用兆欧表测量该电缆 B 相、C 相耐压后绝缘电阻，数值见表 26②。

---

① 此处指户外敞开式终端。

② 本案例 B、C 两相均在升压至 190 kV 左右时发生击穿故障，且绝缘阻值均为 60 MΩ 左右，绝缘电阻值较高，故障点位于接头或终端的可能性较大。

表 26　某 220 kV 电缆故障相绝缘电阻

B 相	C 相
50 MΩ	70 MΩ

（3）再次对该电缆 B 相、C 相进行交流耐压试验，升压至 18.07 kV 放电保护动作。

（4）该电缆 B、C 两相对地击穿，绝缘电阻值较高，且残压高于 50 kV，判断故障性质为闪络（高阻）故障。

故障预定位

（1）耐压试验过程中由于终端内传出"嘭"的疑似放电声，因此初步判断终端内部发生击穿。

（2）使用宽频阻抗谱测试仪对电缆故障点预定位[①]，所测波形如图 154 所示。

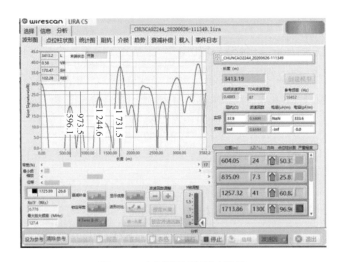

图 154　宽频阻抗谱测试结果

由图 154 结合图 155 可知，该测试波形阻抗不匹配点与电缆各接头、终端距离相近，无其他异常不匹配点。

（3）经宽频阻抗谱测试仪预定位，故障点可能在其盲区，结合初步判断，故障点初测可能在终端乙。

故障精确定点

通过声测法精确定点，对 B、C 两相分别进行试验。升压后，终端内可清晰听到放电

---

① 本次是耐压故障，耐压试验前对端的 GIS 内电缆的导电杆已拆除，故不具备使用电桥法进行故障预定位的条件，因此考虑其他故障预定位方法。

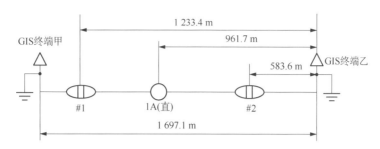

图 155 电缆线路接头位置分布图

特征声音,因此判断 B、C 两相故障点均位于终端乙。

测试结果

故障点位于终端乙,解剖如图 156 至图 158 所示。

故障点

图 156 故障点解剖图 1

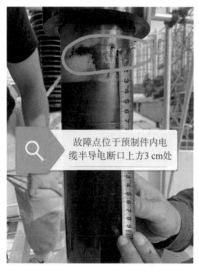

故障点位于预制件内电缆半导电断口上方3 cm处

图 157 故障点解剖图 2

半导电带和铜网带未按工艺要求包至预制件上方

图 158 故障点解剖图 3

经验体会

电缆接头为电缆线路中的薄弱环节,本次耐压试验故障再一次说明了耐压试验作业对于检测接头质量的重要性,严格进行交接试验对于电缆正常投运、高质量运行是非常必要的。

110 kV 电缆闪络（高阻）耐压故障

故障信息

某 110 kV 电缆进行投运前的交接试验——128 kV（$2U_0$），持续 60 min 交流耐压试验。B、C 两相电缆交流耐压试验合格，A 相电缆加压至目标电压 128 kV 持续 8 min 后放电保护动作，发生耐压故障。

线路概况

线路概况见表 27。

表 27　线路概况

电压等级	110 kV	敷设方式	排管＋顶管
全长	4902 m	截面积	1000 mm²
终端甲类型	GIS 终端	终端乙类型	GIS 终端
交叉互联箱	8 个	直接接地箱	3 个

故障性质判别

（1）本次故障定位试验端为终端甲。

（2）使用兆欧表测量该电缆 A 相耐压后绝缘电阻，为 50 MΩ。

（3）该故障电缆对地击穿，绝缘电阻值较高，且残压高于 50 kV，判断故障性质为闪络（高阻）故障。

故障预定位

(1) 首先采用脉冲电流法对电缆故障点预定位,所测波形如图 159^① 所示。

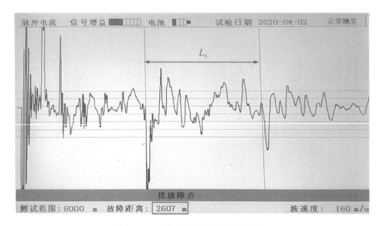

图 159 脉冲电流法测试波形

由图 159 可知,该测试波形明显行波反射点距离约为 2607m(波速换算 172m/μs 后为 2802m)^②。

(2) 采用数字电桥对电缆故障点进行复测验证,测试结果显示故障距离为 2909m,测试结果如图 160 所示。

图 160 电桥测试故障距离结果

(3) 故障点初测可能在 5 号绝缘接头与 6 号绝缘接头处,如图 161 所示,5 号绝缘接头与 6 号绝缘接头之间存在一条小河,具体位置如图 162 所示。

---

① 本案例测得的脉冲电流波形是典型的冲闪法脉冲电流波形,其波形特征参见第四章第 54 问。

② 由于故障电缆外护套交叉互联未拆除并恢复直连,因此存在较多杂波。

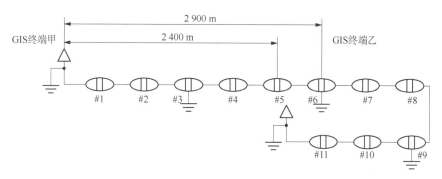

图 161　电缆线路接头位置分布图

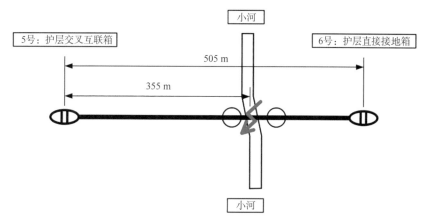

图 162　故障段电缆示意图

（4）故障电缆经电桥烧穿,表现为金属性短路故障,使用低压脉冲法并利用完好相 B 相进行对比,所测波形如图 163 所示①。

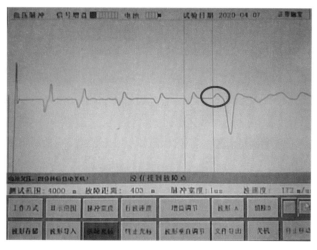

（a）

---

① 本案例测得的低压脉冲波形及对比波形分析可参照第四章第 50 问。

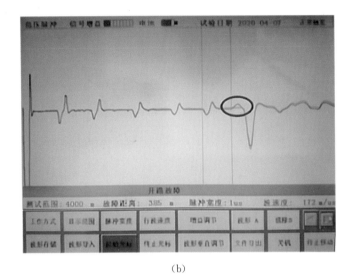

(b)

图 163　电桥烧穿后低压脉冲波形
(a) A 相低阻短路波形；(b) A、B 相低压脉冲对比波形

由图 163 可知，6 号开路波形前存在微小的向上反射波形（蓝色光标位置），与完好相 B 相波形对比，存在明显"分歧点"，判断故障点距 5 号接头距离为 403 m。

（5）使用脉冲电流法对故障点距离进行复测，波形如图 164 所示。

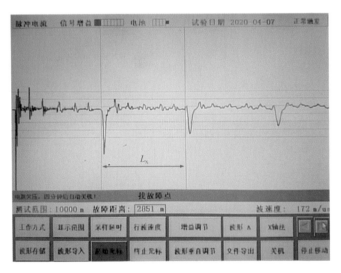

图 164　A 相脉冲电流波形

由图 164 可知，该测试波形的明显行波反射点距离约为 2 851 m，距离 5 号接头 385 m，与低压脉冲法所测基本一致。

（6）经电缆故障预定位，故障点预判于 5 号接头与 6 号接头之间，且距离 5 号接头 385 m，距离 6 号接头 120 m，即小河两侧的两工作井之间。

故障精确定点

通过声测法精确定点,在路面未听到放电特征声音,在小河两侧的两工作井均可听到放电特征声音,并可观察到定点仪声磁时间差变化,故判断故障点在两工作井之间①。

测试结果

故障点位于 5 号绝缘接头和 6 号绝缘接头之间,故障点解剖如图 165 所示。

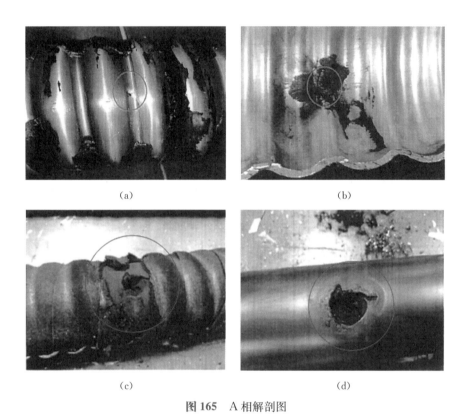

(a)　　　　　　　　　　　　(b)

(c)　　　　　　　　　　　　(d)

图 165　A 相解剖图

(a) 铝护套外表面;(b) 对应击穿点外表面;(c) 对应击穿点缓冲阻水层;(d) 击穿点绝缘屏蔽

经验体会

(1) 闪络故障、封闭性故障多发生在接头位置,本次故障为典型的本体闪络(高阻)故障,放电声音弱,封闭在本体内部,加上敷设深度较深,导致很难听到放电声音。

(2) 使用行波法测试 110 kV 电缆主绝缘故障时,需要拆除交叉互联并恢复直连,否则波形干扰较多。

---

① 电缆拉出通道后测得故障点距小河左侧工作井约 30 m,而小河距离该工作井也在 30 m 左右,即故障点可能位于小河段内,这也可能是路面定点仪无法听到放电特征声音。

案例九

110 kV 电缆闪络（高阻）耐压故障

故障信息

某 110 kV 电缆进行投运前的交接试验——128 kV$(2U_0)$，持续 60 min 交流耐压试验。耐压试验前，该电缆绝缘电阻见表28。A、B 两相电缆交流耐压试验合格，C 相加压至试验电压 128 kV 持续 5 min 后放电保护动作，发生耐压故障。

表 28　耐压试验前某 110 kV 电缆绝缘电阻

A相	B相	C相
25 GΩ	17 GΩ	21 GΩ

线路概况

线路概况见表29。

表 29　线路概况

电压等级	110 kV	敷设方式	排管
全长	2469 m	截面积	1000 mm²
终端甲类型	GIS 终端	终端乙类型	GIS 终端
交叉互联箱	4 个	直接接地箱	1 个

故障性质判别

（1）本次故障定位试验端为终端乙。

（2）使用兆欧表测量该电缆 C 相耐压后绝缘电阻，数值见表 30。

表 30　某 110 kV 电缆 C 相绝缘电阻

耐压试验前	耐压试验后
21 GΩ	4.6 GΩ

（3）多次对该电缆 C 相进行交流升压，其绝缘电阻先逐渐降低后上升，绝缘电阻最小为 774 MΩ。

（4）该故障电缆对地击穿，绝缘电阻值较高，且残压高于 50 kV，判断故障性质为闪络(高阻)故障。

故障预定位

（1）采用传统直流升压设备对故障电缆进行直流烧穿降低绝缘电阻，以便利用脉冲电流法进行故障预定位，但长时间直流加压降阻效果不明显。

（2）使用串联谐振交流耐压试验装置配合电缆故障测试仪，采用"交流升压＋脉冲电流法"①的方式，对故障点进行预定位。为提高故障预定位的精度，分别正向、反向采集接地电流信号，测试波形如图 166、图 167 所示。

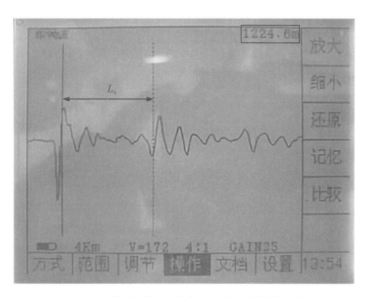

图 166　"交流升压＋脉冲电流法"正向测试波形

---

① 将电缆故障测距仪的信号采集器耦合在试验端的接地回路上，在交流耐压试验过程中，通过采集放电时由接地回路传回的电流信号对故障点进行预定位。

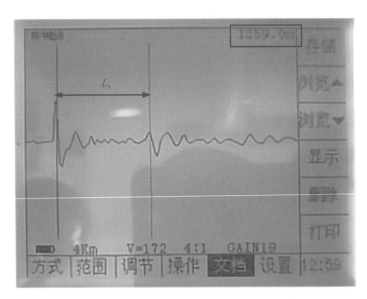

图 167 "交流升压＋脉冲电流法"反向测试波形

由图 166 可知,正向采集接地电流时明显行波反射点距离约为 1224 m;

由图 167 可知,反向采集接地电流时明显行波反射点距离约为 1259 m。

取两次测量数据的平均值,故障点预定位距离试验端 1241.5 m,在 3 号绝缘接头附近。

(3) 经电缆故障预定位,故障点初测可能在 3 号绝缘接头处,如图 168 所示。

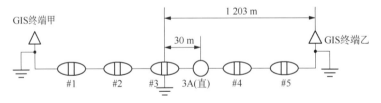

图 168 电缆线路接头位置分布图

故障精确定点

(1) 通过交流烧穿[①],故障电缆绝缘电阻降至 284.8 kΩ 后,通过声测法精确定点。

(2) 测试人员首先前往 3 号绝缘接头进行听测,未听到故障点放电特征声音。

(3) 测试人员前往附近的 3A 直通头进行听测,听到明显的放电振动声,由此判断故障点位于 3A 直通头处。

---

① 本次故障定位的故障点残压高,无法使用直流烧穿法降阻,在此类情况下,应采取交流烧穿作业方式降低电缆残压值。

测试结果

故障点位于 3A 直通头,距离试验端 1173 m,故障点解剖如图 169 至图 171 所示。

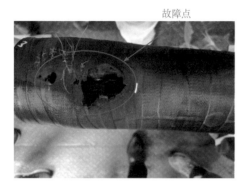

图 169 故障点解剖图 1

图 170 故障点解剖图 2

图 171 故障点解剖图 3

经验体会

本次试验作业首次采用交流耐压设备配合电缆故障测距仪的脉冲电流法进行故障点预定位,此类方法的接线位置要求较高,须在电缆尾管接地处引出线性耦合器进行试验。

案例十

220 kV 电缆闪络耐压故障

故障信息

某 220 kV 电缆因改接进行投运前的交接试验——173 kV 持续 60 min 交流耐压试验[①]。耐压试验前，该电缆绝缘电阻见表 31[②]。A、B 两相电缆交流耐压试验合格，C 相电缆加压至 38 kV 放电保护动作，发生耐压故障。

表 31   耐压试验前某 220 kV 电缆绝缘电阻

A 相	B 相	C 相
42 GΩ	52 GΩ	10 MΩ

线路概况

线路概况见表 32。

表 32   线路概况

电压等级	220 kV	敷设方式	排管＋顶管＋隧道
全长	8597 m	截面积	1000 mm²
终端甲类型	套管终端[③]	终端乙类型	GIS 终端
交叉互联箱	14 个	直接接地箱	6 个

---

① 据 Q/GDW 11316—2018《高压电缆线路试验规程》，220 kV 交联聚乙烯电缆非新投运线路交流耐压试验标准为：1.36U_0(173 kV)持续 60 min。

② 耐压试验前，C 相绝缘电阻明显低于 A、B 两相，三相绝缘电阻不平衡。

③ 此处指户内敞开式终端。

故障性质判别

（1）本次故障定位试验端为终端甲。

（2）使用兆欧表测量该电缆 C 相耐压后绝缘电阻，数值见表 33。

表 33　某 220 kV 电缆 C 相绝缘电阻

耐压试验前	耐压试验后
10 MΩ	23 GΩ

（3）再次对该电缆 C 相进行交流耐压试验，升压至 30 kV 放电保护动作。

（4）再次测量该电缆 C 相耐压后绝缘电阻，仍为 1000 MΩ 以上。

（5）该故障电缆对地击穿，绝缘电阻值较高，且残压高于 30 kV 低于 50 kV，故判断故障性质为闪络故障。

故障预定位

（1）首先采用基于行波原理的双端高压电缆故障定位技术对电缆故障点进行预定位[①]，所测波形如图 172 所示。

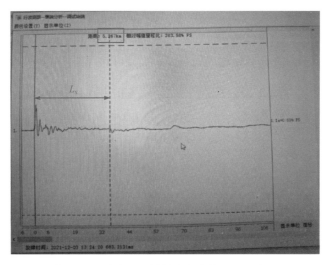

图 172　双端高压电缆故障定位技术测试波形 1

由图 172 可知，该测试波形的明显行波反射点距离约为 5 267 m，经电缆台账查询，

---

① 由于电缆发生闪络故障，通过传统高压脉冲设备难以达到击穿电压击穿故障点，对电缆故障预定位。而采用基于行波原理的双端高压电缆故障定位技术，既可以通过耐压手段降低残压，又可以利用击穿时的脉冲电压对电缆故障进行预定位。

该点在 11 号绝缘接头附近。

（2）随着多次交流烧穿，故障电缆绝缘电阻降低，再通过传统脉冲电流法对电缆故障点再次预定位加以验证，所测波形如图 173、图 174 所示。

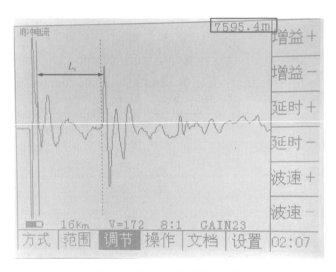

图 173　脉冲电流法测试波形 1

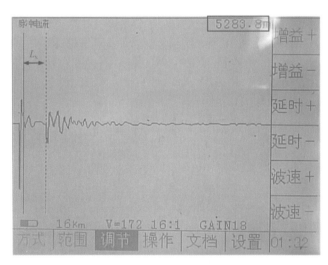

图 174　脉冲电流法测试波形 2

由图 173① 可知，该测试波形的明显行波反射点距离约为 7595.4 m，与电缆实际全长 8597 m 相近，可能是电缆终端的波形反射。

---

① 脉冲电流法出现图 42 波形，指示电缆故障点未完全击穿，解决方案：提高试验电压；增大声测电容量；继续烧穿降低绝缘电阻。

由图 174 可知,该测试波形的明显行波反射点距离约为 5283.8 m,在 11 号绝缘接头附近。

(3)经电缆故障预定位,故障点初测可能在 11 号绝缘接头处,如图 175 所示。

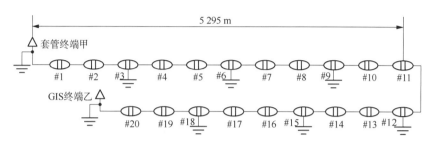

图 175 电缆线路接头位置分布图

故障精确定点

(1)通过声测法精确定点,测试人员首先前往 11 号绝缘接头进行听测,未听到故障点放电特征声音。

(2)测试人员由预定位的 11 号绝缘接头向试验终端方向排查测寻①。

(3)测试人员在隧道内 6 号绝缘接头处听到明显的放电振动声,前往与之相邻的 5 号和 7 号绝缘接头听测,均未听到明显的振动声,因此判断故障点位于 6 号绝缘接头处。

测试结果

故障点位于 6 号绝缘接头,距离试验端 3 133 m,故障点如图 176、图 177 所示。

故障点

图 176 故障预制件击穿点照片

---

① 由于试验引线、金属护套交叉换位、接地回路复杂、线路较长等原因影响,预定位所得故障点通常较真实故障点距离试验端更远。

图 177　故障预制件相对位置照片

经验体会

（1）本次故障测寻后，测试人员对测寻过程复盘总结时发现：采用基于行波原理的双端高压电缆故障定位技术时，由于该方法还在与厂家合作研发中，试验时未正确设定参数——波速度，若正确设定波速度，所测波形如图 178、图 179 所示。

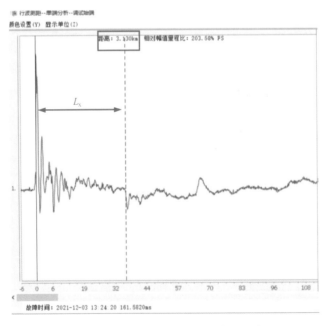

图 178　双端高压电缆故障定位技术测试波形 2

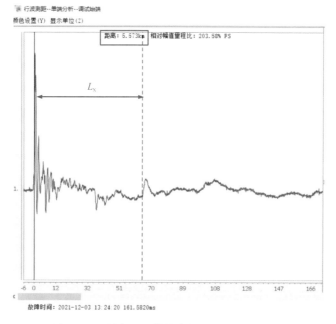

图 179 双端高压电缆故障定位技术测试波形 3

图 178 表示故障点至测试端距离,根据波形,电缆故障点距测试端 3 130 m,与电缆真实故障点误差仅为 3 m;图 179 表示故障点至非测试终端距离,根据波形,电缆故障点距非测试终端 5 573 m。两距离相加为 8 703 m,与电缆实际全长 8 597 m 相近,该试验波形可信度较高。

长距离电缆若出现故障后残压高,则无法使用传统脉冲电流法,可通过串联谐振设备交流烧穿降低绝缘电阻,同时使用基于行波原理的双端高压电缆故障定位技术进行故障预定位,准确、快速。

(2)击穿电压高、不连续击穿,故障点多见于电缆接头附件。

参考文献

[1] 郑麟骥,王焜明. 高压电缆线路[M]. 北京:水利电力出版社,1983.

[2] 马国栋. 电线电缆载流量[M]. 北京:中国电力出版社,2003.

[3] 史传卿. 电力电缆安装运行技术问答[M]. 北京:中国电力出版社,2002.

[4] 史传卿. 供用电工人技能手册. 电力电缆[M]. 北京:中国电力出版社,2004.

[5] 史传卿. 电力电缆[M]. 北京:中国电力出版社,2010.

[6] William A. Thue. 电力电缆工程[M]. 孙建生,译. 北京:机械工业出版社,2014.

[7] 沃泽克. 海底电力电缆:设计、安装、修复和环境影响[M]. 北京:机械工业出版社,2011.

[8] 夏新民. 电力电缆头制作与故障测寻[M]. 北京:化学工业出版社,2012.

[9] Filipe Faria da Silva. 电力电缆中的电磁暂态[M]. 孙伟卿,戴澍雯,译. 北京:机械工业出版社,2019.

[10] 赵健康. 高压电缆及附件[M]. 北京:中国电力出版社,2020.

[11] 王伟,阎孟昆. 电力电缆试验及故障分析[M]. 北京:中国电力出版社,2021.

[12] 毛庆传. 电线电缆手册[M]. 北京:机械工业出版社,2017.

[13] 魏力强,徐洪福. 高压电缆技术问答[M]. 北京:中国电力出版社,2020.

[14] 周利军,顾黄晶,周婕,等. 高压电缆现场局部放电检测百问百答及应用案例[M]. 上海:上海科学技术出版社,2021.

[15] 朱启林,李仁义,徐丙垠. 电力电缆故障测试方法与案例分析[M]. 北京:机械工业出版社,2008.

[16] 周利军,叶颋,顾黄晶,等. 高压电缆现场状态综合检测百问百答及应用案例[M]. 上海:上海科学技术出版社,2021.

[17] 张栋国. 电缆故障分析与测试[M]. 北京:中国电力出版社,2005.

[18] 中华人民共和国住房和城乡建设部,中华人民共和国国家质量监督检验检疫总局. GB50150—2016. 电气装置安装工程电气设备交接试验标准[S]. 北京:中国计划出版社,2016.

[19] 国家能源局. DL/T 596—2021. 电力设备预防性试验规程[S]. 北京:中国电力出版社,2021.

[20] 国家能源局. DL/T 1253—2013. 电力电缆线路运行规程[S]. 北京:中国电力出版社,2014.

[21] 国家电网公司. Q/GDW 11316—2018. 高压电缆线路试验规程[S]. 北京:中国电力出版社,2018.

[22] 国家电网公司. Q/GDW 456—2010. 电缆线路状态评价导则[S]. 北京:中国电力出版社,2010.

[23] 国家电网公司. Q/GDW 11223—2014. 高压电缆线路状态检测技术规范[S]. 北京:中国电力出版社,2014.

[24] 袁燕岭,周灏,董杰,等. 高压电力电缆护层电流在线监测及故障诊断技术[J]. 高电压技术,2015,

41(4)：1194－1203.

[25] 何邦乐,黄勇,叶颋,等.基于 PSO-LSSVM 的高压电力电缆接头温度预测[J].电力工程技术,2019(1).

[26] 陈忠.串联谐振耐压试验的现场问题及解决方法[J].电网技术,2006(S1):211－213.

[27] 赵威,夏向阳,李明德,等.基于利萨如图形及关联度分析的高压输电电缆护层故障识别研究[J].中南大学学报(自然科学版),2020,51(4):989－997.

[28] 周志强.基于宽频阻抗谱的电缆局部缺陷诊断方法研究[D].华中科技大学,2015.

[29] 何邦乐,安然,周锟捷,等.宽频阻抗谱分析在输电电缆故障检测中的研究及应用[J].上海电力,2019(5):19－22.

[30] 张伟,何邦乐,王东源,等.LIRA 在输电电缆故障诊断中的研究与应用[J].电力大数据,2021,24(11):23－31.

[31] 郭小凯,李峰,南保峰,等.高压电缆外护套故障测距误差分析及改进措施[J].南方电网技术,2021,15(1):6.

[32] 薛永端,李乐,俞恩科,等.基于分段补偿原理的电缆架空线混合线路双端行波故障测距算法[J].电网技术,2014,38(7):6.

[33] 袁奇,何邦乐,叶颋,等.高压电缆护层保护器一体化测量装置的研究[J].电工技术,2021(14):4.

[34] 王奇,李妍红.基于多分辨率分析与相关检测的海底电缆分布式故障检测[J].南方电网技术,2015,9(2):5.

[35] 郝春生.电力电缆井下作业安全画册[M].北京:中国电力出版社,2019.

本书配套电子资源
扫码获取